给孩子的 营养
早晚餐 一本全

王旭峰　主编

青岛出版集团 | 青岛出版社

图书在版编目（CIP）数据

给孩子的营养早晚餐一本全 / 王旭峰主编 . — 青岛：青岛出版社，2020.6
ISBN 978-7-5552-9179-4

Ⅰ . ①给… Ⅱ . ①王… Ⅲ . ①儿童—食谱 Ⅳ . ① TS972.162

中国版本图书馆 CIP 数据核字（2020）第 072062 号

书 名	给孩子的营养早晚餐一本全	
主 编	王旭峰	
出 版 发 行	青岛出版社	
社 址	青岛市海尔路 182 号（266061）	
本 社 网 址	http://www.qdpub.com	
邮 购 电 话	0532-68068091	
选 题 策 划	周鸿媛	
图 文 统 筹	张海媛	
责 任 编 辑	逄 丹 肖 雷 徐 巍	
部分菜品提供	圆猪猪 Candey 等	
封 面 设 计	1024 设计工作室（北京）文俊	
设 计 制 作	百事通	
制 版	上品励合（北京）文化传播有限公司	
印 刷	青岛海蓝印刷有限责任公司	
出 版 日 期	2020 年 6 月第 1 版 2024 年 9 月第 8 次印刷	
字 数	230 千	
图 数	876 幅	
开 本	16 开（720 毫米 × 1020 毫米）	
印 张	23.5	
书 号	ISBN 978-7-5552-9179-4	
定 价	58.00 元	

编校印装质量、盗版监督服务电话 4006532017 0532-68068050
建议陈列类别：美食类 保健类

编者的话

　　无论是新手父母还是家有二宝的有经验的父母，对孩子的爱，永远是热烈而深沉的。孩子在父母的关心、关爱中，一天天长大，再也不是那个被搂在怀里的小家伙，而是一位进入小学、戴上红领巾的真正的小学生了。

　　孩子进入小学，就有了学习的"压力"，再加上身体成长的需求变化，使一日三餐显得格外重要。家长应该如何保障孩子的饮食呢？孩子不是天天、顿顿都在家吃饭。不在家的时候，饮食又有哪些要求呢？孩子生病了，应该吃什么，不应该吃什么呢？父母对孩子饮食的焦虑总是那么多。为了缓解家长的焦虑，给予家长专业、科学的指导，我们邀请到首都保健营养美食学会会长为大家撰写了这本《给孩子的营养早晚餐一本全》，翻开这本书，让我们一起了解一下孩子在生长发育过程中需要哪些营养，生病了可以吃什么，一日三餐如何搭配……和孩子一起做饭，一起学习，让孩子学到生活的常识、饮食的基本原则，从而获得受益一生的"营养"。

　　属于孩子的人生之路很长，父母要舍得放手，让孩子自己去做力所能及的事。就算做饭这种小事，也应尽可能让孩子参与其中，哪怕只是洗洗菜、淘淘米。孩子通过自己的劳动，知道一餐一饭都来之不易，会更加珍惜食物，这可比在孩子面前说教有用多了。孩子动动手，相信会给父母带来更多的惊喜。

　　最后，希望所有的小朋友快乐学习、健康成长。

编者

2020年5月

推荐序

各位学习型读者，大家好！我是李泳芳，毕业于中国药科大学，现在是一位从事营养事业的企业家。多年来，我一直在全球参与不同年龄段、不同健康需求的营养产品研发项目，当然也包括婴幼儿相关的专业产品研发项目。将后端的专业产品研发原理、数据、逻辑，结合妈妈们的日常喂养营养诉求，融入到能影响成千上万孩子健康的项目中。这次接受王旭峰老师的邀请为本书写序言，感到很开心。

在多年的工作中，有许多妈妈向我咨询在日常喂养孩子过程中遇到的问题，比如孩子为什么比同龄孩子矮，为什么体质差、容易生病，为什么挑食、厌食，为什么注意力不集中，为什么容易长口腔溃疡……国外有一句谚语，"You are what you eat"，翻译成中文就是"人如其食"。其实很大一部分健康问题（在排除病理原因之后）是孩子营养摄入不均衡导致的。

在给孩子补充营养的问题上，家长们仁者见仁智者见智。一部分家长相信食补，一部分家长依赖营养补充剂，还有一部分家长相信只要孩子长大些，健康状况自然会好转。孩子三岁之前的营养摄取、饮食习惯，很大程度决定了其终身的健康状态和生活方式。我想提醒家长朋友们，当孩子出现营养缺乏的症状时，一定要给予足够的重视。学龄期的孩子正处于生长发育的关键时刻，盲目等待只能让孩子的成长与营养需求南辕北辙，不做干预只会让孩子的症状越来越严重，健康问题也越来越频繁，甚至会因为生理的不适引发心理健康问题。

王旭峰老师主编的《给孩子的营养早晚餐一本全》一书，详细阐述了孩子的食补方法，以及食补之外的营养素摄取知识和实践方法。包含的内容全面且精细，从早餐怎么吃、午餐怎么吃、晚餐怎么吃、孩子生病时怎么吃、孩子需要补充哪些特殊的营养素，到这些营养素要从哪些食物中摄入等，介绍得极为详尽。对王旭峰老师的专业性我非常敬佩。另外，他的这本新书，将孩子的饮食需求及营养搭配讲述得科学且贴近日常生活，还配备了一幅幅让人垂涎三尺的精美菜品图片。相信这些菜品经过各位宝爸、宝妈们的亲手烹调，会勾起无数孩子的食欲。

那什么时候选择营养补充剂呢？这本书也做了专业的介绍和指导。对消化吸收不佳的孩子，可以考虑给予其营养补充剂，以保证孩子健康成长。在选择营养补充剂前，请家长咨询医生，听从医嘱。在选择营养补充剂时，请选择市场上值得信任的品牌，如果觉得营养补充剂的口味孩子不容易接受，也可以选择更贴近孩子营养需求、吸收效果好的剂型，如软糖、咀嚼片、口服液等。

最后，感谢王旭峰老师的信任。祝愿每一位父母学有所得，祝愿每一个孩子健康成长！

——浙江阿蜜健康科技有限公司首席执行官李泳芳

目录
CONTENTS

第一章　定向补充营养　让孩子身体好，学习棒

第二章 吃对"特效"食物 满足孩子生长发育的各项需求

第三章　活力早餐　充满能量去上学

第四章　营养健康的午餐便当

第五章　重要的晚餐　补充营养不发胖

第六章　孩子生病时　饮食很重要

第七章　根据季节调饮食　平安度过换季期

第八章 小零食自己做＋超简单独立餐 减压、健康一举多得

了解孩子的营养需求，把满满的爱送到位

进入小学阶段的孩子需要大量的营养供应，应对快速的身体发育需要、紧张的学习压力和逐渐增大的活动量。

基础营养要跟上

《中国居民膳食指南》建议，7-12岁的孩子每天需要的热量如下：

年龄（岁）	热量需求（千卡/天）	
	男	女
7	1500	1350
8	1650	1450
9	1750	1550
10	1800	1650
11	2050	1800
12	2050	1800

这个年龄段的孩子，不仅需要补充**碳水化合物**，还要补充足够的**蛋白质**，且要保证营养均衡。按照体重计算，一个孩子每天的蛋白质摄入量大约为1.5克/千克体重，尤其是优质蛋白质的摄入要充足。如果只靠鱼、肉、蛋来摄入蛋白质，就会增加脂肪的摄入，因此，可以适量提供大豆类食物，以降低脂肪的摄入。

及时补充营养

此时期的孩子生长发育迅速，对各种营养素的需求都比较大，尤其是**维生素A、B族维生素、维生素C**以及一些**矿物质**，比如利于骨骼生长的钙，影响大脑发育和免疫力机能的铁、锌、硒等关键的微量元素。

适当补充膳食纤维

为孩子补充膳食纤维应做到主食粗细搭配，菜肴荤素搭配。适量的**膳食纤维**有助于控制孩子的血脂和血糖水平，有助于促进肠道蠕动，避免出现肥胖。

称量工具

对于厨房"小白"来说，在烹饪时，常常比较难把握各种调料、材料的量，为了方便大家制作美食，下面给大家介绍一下量取的方法。当然，本就是厨艺高手的家长，也不必拘泥于具体数量的限制，根据自身经验量取或自行调整均可。

固体材料

酵母粉	1小匙	= 3克
泡打粉	1小匙	= 4克
奶粉	1小匙	= 7克
玉米淀粉	1小匙	= 12克
可可粉	1小匙	= 7克
细砂糖	1小匙	= 12克
细盐	1小匙	= 5克

液体材料

清水	1大匙	= 15毫升	= 15克
色拉油	1大匙	= 15毫升	= 14克
牛奶	1大匙	= 15毫升	= 14克
蜂蜜	1大匙	= 21克	
蛋黄	1个	≈ 20克	
蛋白	1个	≈ 35克	

各种规格的量匙

1 小匙	=	5 毫升
1/2 小匙	=	2.5 毫升
1 大匙	=	15 毫升
1/2 大匙	=	7.5 毫升

电子计量秤：用于称量各种材料，也可用普通计量秤代替。

量匙：称量少于10克的固体及液体材料。称量材料时以一平匙为准。

量杯：称量多于10克的固体及液体材料。称量材料时以量杯刻度为准。

小熊心语：

孩子的成长离不开钙、铁、锌、硒等营养素。缺少任何一种营养素，孩子的身体发育都会受到影响。很多食物中都含有钙、铁、锌、硒等营养素，但是如何选择正确的食物来补充营养素呢？这需要科学的指导。食补是很好的补充营养素的方法，但只有找对食材、用对方法，才能定向补充营养，才能让孩子身体好、学习棒。

对于处于生长期的孩子来说，只要能做到均衡膳食，基本就能满足其机体所需的钙、铁、锌、硒及各种维生素。要定向补充营养，可以选相应的食物。需要补钙，首选奶或奶制品；补铁可以选择动物肝脏、瘦肉类；补锌、硒可以多选海产品尤其是贝类。

值得一提的是，缺乏钙、铁、锌等严重时，可以根据医嘱补充相应的制剂，但切忌盲目乱补。

——抓住补钙的关键时期

钙是组成骨骼和牙齿的主要成分，还是维持体内细胞正常功能、体内酸碱平衡、参与神经和肌肉应激过程的重要成分。如果孩子偏食、挑食，钙摄入不足，容易出现一系列不良反应。

Q 孩子缺钙有哪些表现？

A 孩子如果出现以下状况超过 3 项，要考虑孩子有可能缺钙了：

1. 夜间盗汗，尤其是入睡后头部大量出汗；

2. 不易入睡，或睡觉不实，容易惊醒；

3. 情绪波动较大，变得容易烦躁；

4. 牙齿发育不良，排列参差不齐，咬合不正，牙齿松动，过早脱落；

5. 骨骼发育异常，如肋骨串珠、鸡胸、X形腿或O形腿；

6. 不爱吃饭，偏食、厌食；

7. 抵抗力低，容易患感冒、腹泻、肺炎等疾病；

8. 精神状态不好，反应速度慢，对周围环境不感兴趣；

9. 体重过重；

10. 出现明显的生长痛，腿发软、乏力。

Q 可以通过饮食补充钙吗？

A 当然可以。营养专家建议，优先从奶类、豆制品中摄取钙，而绿色蔬菜、芝麻酱、坚果、带骨小鱼、小虾等都可作为钙的良好来源。

Q 吃钙片可以补钙吗？

A 吃钙片可以补钙，但是家长最好不要自行给孩子服用钙片，因为家长不了解孩子服用钙片的用量容易造成补钙过量。孩子若过量补钙，容易出现厌食、便秘、恶心、关节疼痛等不适，严重的还可能导致肾结石、心律失常、生长发育缓慢等后果。

家长如果怀疑孩子缺钙，应到医院检查确诊，在医生的指导下给孩子服用钙制剂和维生素D制剂，并结合食补帮助孩子补钙。补钙一段时间后，要带孩子复查，医生会根据具体情况给出新的方案。

Q 血钙浓度正常就是不缺钙，对吗？

A 不一定，血钙浓度正常也有可能发生缺钙。骨骼是存储钙的"仓库"，如果孩子总是钙质摄入不足，或钙流失严重，血液里的钙浓度不够，身体就会启动调节机制，从"仓库"里调度一部分钙溶于血液中，以使血钙水平维持在正常范围。所以，如果孩子血钙检查显示正常，身体上却出现缺钙的现象，说明他可能骨骼缺钙，需要进一步做骨密度检查。

Q 碳酸饮料会不会"赶走"钙？

A 正常情况下，人体内钙和磷的比例是2∶1。如果孩子常喝碳酸饮料，而这些饮料含磷较多，很容易使身体里的钙磷比例失调。碳酸饮料经过人体内复杂的代谢过程会使血钙流失，最终导致孩子缺钙。因此，尽量不要让孩子喝碳酸饮料。

Q 有哪些富含钙的食物？

A 食材中有一些富含钙的"明星"，具体情况可参考下面的表格。

高钙明星	每 100 克食材中钙含量（单位：毫克）	高钙明星	每 100 克食材中钙含量（单位：毫克）
芝麻酱	1170	虾皮	991
蕨菜（脱水）	851	炒榛子	815
奶酪	799	黑芝麻	780
桑葚（干）	622	白芝麻	620
豆腐干	413	海带干	348
河虾	325	紫菜	264
黑豆	224	黄豆	191
豆腐	164	油菜	108
牛奶	104	芹菜	80

参考：《中国食物成分表》（第2版），北京大学医学出版社。

香菇白菜烧面筋

○ 材料 ○

大白菜1/3棵

油面筋2块

干香菇6朵

大蒜2瓣

香葱1根

生姜1小块

○ 调料 ○

植物油1大匙

蚝油1大匙

盐1/8小匙

水淀粉（玉米淀粉2小匙加清
水1.5大匙调成）2大匙

油面筋煮制时间
不宜太长，待菜快要
出锅时再放，让面筋
吸收汤汁即可。

烹调妙招

○ 做 法 ○

1. 大白菜剥开1/3的菜
   叶，洗净。香菇用温
   水泡10分钟后倒掉
   水，换少量温水再泡
   20分钟。第二次泡香
   菇的水不要倒掉。

2. 将洗好的白菜菜叶和
   菜帮分开，分别切成
   小段。油面筋用剪刀
   剪成小块。生姜、大
   蒜分别剁成蓉，香葱
   切段。

3. 炒锅内放入植物油，
   冷油放入姜、蒜炒
   香，先放入菜帮部
   分，加少量盐、香菇
   水，盖上锅盖，中火
   焖2分钟。

4. 加入菜叶、蚝油、盐
   及全部的香菇水（约
   50毫升），用大火煮
   至菜叶变软。

5. 加入面筋块，中火继
   续煮约1分钟，倒入
   水淀粉勾芡。煮至汤
   汁变浓稠后加入香葱
   段，即可出锅。

虾皮拌菠菜

难易程度 ★☆☆☆☆
孩子参与度 ★★☆☆☆

○材料○

菠菜200克

粉丝30克

鸡蛋1只

虾皮10克

○调料○

生抽1大匙

白糖1小匙

陈醋1小匙

盐1/2小匙

植物油3小匙

摊鸡蛋皮是有技巧的：尽量将蛋液打散，入锅后快速摇锅，让蛋液均匀摊开，可以多摇几次锅，这样做出的蛋皮薄厚均匀。

烹调妙招

○做法○

1. 粉丝用温水浸泡10分钟至软，用剪刀剪成段。

2. 鸡蛋加盐打散。虾皮用水浸泡5分钟。生抽、白糖陈醋拌匀，调成味汁。

3. 平底锅烧热，抹少许植物油，倒入蛋液摊成蛋皮。

4. 用筷子掀起蛋皮，反面再煎成金黄色，放凉后切成细丝备用。

5. 菠菜切段，入开水锅焯烫30秒，捞出放凉开水中过凉，挤干后盛入碗中内。

6. 粉丝放开水锅内烫1分钟，捞出过凉后挤干，放入碗内，淋味汁。

7. 锅内放入2小匙油烧热，放入沥净水的虾皮炒出香味。

8. 炒好的虾皮及油淋在菠菜上，盖上蛋皮丝即可。

9

砂锅娃娃菜

難易程度 ★☆☆☆☆
孩子參与度 ★★☆☆☆

○材料○

娃娃菜1棵
猪五花肉250克
油豆腐20个
大蒜5瓣

○调料○

盐1/2小匙
蚝油1大匙
生抽1大匙
老干妈豆豉酱1/2小匙

五花肉尽量煸得干干的，一来吃着不油腻，二来味道会比较香。

烹调妙招

○做法○

1. 猪五花肉放入冷水锅内煮熟，取出切成薄片。大蒜去皮，切成小片。

2. 娃娃菜洗净切成小段，将菜叶和菜帮分开。

3. 炒锅烧热，凉油放入肉片，小火煸炒至肉片出油并呈金黄色，下蒜片略炒。

4. 下入娃娃菜的菜帮，加入盐、蚝油、生抽、老干妈，炒至变软，再加入叶片。

5. 大火翻炒几下，加入清水，水量要能没过所有材料。

6. 加入油豆腐，大火烧开后转小火再炖5分钟，移入烧热的砂锅中即可。

芹菜火腿拌香干

○材料○

芹菜200克

五香香干3块

火腿100克

蒜2瓣

○调料○

生抽、蚝油、白糖各1小匙

白醋、香油各1大匙

盐1/2小匙

这道菜也可做成炒菜，将芹菜、香干、火腿准备好以后，大火快炒，然后放入调味料，一样很好吃。

烹调妙招

○做法○

1. 芹菜择去老叶，切成段；香干、火腿均切丝，蒜刹成蓉。

2. 锅内烧开水，放入香干丝煮1分钟，捞起。

3. 再投入芹菜段，烫煮10秒，捞起。

4. 将烫好的芹菜段、香干丝浸入冰水中约5分钟，捞出沥干水。

5. 将火腿丝、芹菜段、香干丝、蒜蓉放入盆中，加入其余所有调料，拌匀，入味即可食用。

孩子巧动手

择菜、洗菜的事情可以让孩子完成。

红烧鱼头豆腐

难易程度 ★★★☆☆
孩子参与度 ★★☆☆☆

○ 材料 ○

鱼头400克

豆腐2块

红椒1个

姜2片

蒜2瓣

香葱2棵

○ 调料 ○

料酒1大匙

蚝油、老抽、生抽各1小匙

白糖、白胡椒粉各1小匙

色拉油1大匙

盐1/2小匙

水淀粉1大匙

鱼煎好放入开水，大火多煮一会儿，汤汁会更浓稠。

烹调妙招

孩子巧动手

豆腐富含蛋白质和钙质。可以让孩子试着去认识一下不同种类的豆腐，比如老豆腐、嫩豆腐，南豆腐、北豆腐。孩子可以依据自己的喜好，放入自己平时喜欢吃而且又适合煎煮的豆腐。

○ 做 法 ○

1. 鱼头洗净，先用料酒、盐抹匀，腌制10分钟；豆腐切小方块，大蒜用刀拍裂，香葱切丝，红椒切丝。

2. 锅入油烧热，爆香蒜瓣、姜片，放入豆腐块，小火慢煎至豆腐表面呈金黄色，盛出。

3. 放入鱼，小火煎好一面后，翻面煎另一面，煎好后倒入清水，大火煮开。

4. 再放入煎好的豆腐，放入料酒、蚝油、生抽、白糖、老抽、白胡椒粉，大火煮开后转小火煮至汤汁浓稠。

5. 放入香葱丝，再倒入水淀粉勾芡，煮至收汁，装盘后摆上红椒丝即可。

补铁 ——消灭掉贫血问题

　　铁是制造人体血红蛋白不可缺少的元素,除此之外它还是生命活动不可缺少的物质。引起孩子贫血的原因有很多,例如遗传因素、孩子偏食、挑食等。缺铁容易引起缺铁性贫血,影响孩子的健康和发育。家长平时宜多了解补铁的相关知识,以防孩子缺铁。

Q 孩子缺铁有哪些表现?

A 孩子如果出现以下状况超过 3 项,要考虑孩子有可能缺铁了:

　　1. 脸色显得苍白或蜡黄;

　　2. 唇部没有血色;

　　3. 头发枯黄,没有光泽;

　　4. 手脚经常冰凉,怎么焐都焐不热;

　　5. 胃口不好,经常腹胀或便秘;

　　6. 呼吸重,心率快,特别是活动或哭闹之后更明显,甚至出现心脏杂音;

　　7. 常头晕,严重的可发生晕厥;

　　8. 注意力不集中,看书时不能专注于书本;

　　9. 记忆力减退,经常丢三落四;

　　10. 动不动就觉得累,不想活动,精神萎靡不振;

　　11. 性格变得比以前烦躁,经常因为一点儿小事激动或者哭闹。

Q 孩子缺铁对身体有什么影响?

A 孩子缺铁会影响身体发育,免疫力降低,容易生病,特别是易感染流感、手足口病、水痘等流行性疾病,严重缺铁还会引起缺铁性贫血、食欲缺乏、记忆力减退,甚至影响性格发展、智力发育。

Q 补铁是不是吃含铁多的食物就可以了?

A 不是,食物中铁的存在形式不一样,人体对不同类型的铁吸收利用率也不同。补铁除了可以吃含铁多的食物,还可以多吃一些维生素C含量高的食物,因为蔬菜水果中所含的维生素C是强还原剂,能使食物中的铁转变为可吸收的亚铁,从而提高补血的效果。下表是铁的不同类型及相关注意事项。

类型	食物类别	吸收利用率	补铁建议
血红素铁	存在于动物性食物中，如动物肝、动物血、畜肉类、禽肉类、鱼类、蛋类等	容易被人体吸收	补铁首选
非血红素铁	存在于植物性食物中，如蔬菜类、粮谷类等	受植酸、草酸、磷酸及植物纤维的影响，吸收利用率较低	食用时先焯水，去掉草酸等影响铁吸收的物质

Q 哪些食材富含铁？

A 孩子缺铁，食补是很有效的方式，家长需要了解下列富含铁的食物。

富铁明星	每 100 克食材中铁含量（单位：毫克）	富铁明星	每 100 克食材中铁含量（单位：毫克）
黑木耳（干）	97.4	蛏子（干）	88.8
紫菜（干）	54.9	桑葚（干）	42.5
蛏子（鲜）	33.6	鸭血	30.5
鸡血	25	墨鱼（干）	23.9
鸭肝	23.1	黑芝麻	22.7
猪肝	22.6	鸡肝	12
蛋黄粉	10.2	猪血	8.7
黄豆	8.2	猪肾	6.1
牛肉	3.3	芥菜	3.2
猪瘦肉	3	菠菜	2.9

参考：《中国食物成分表》（第2版），北京大学医学出版社。

西蓝花拌黑木耳

难易程度　★☆☆☆☆
孩子参与度　★★☆☆☆

○ 材料 ○

西蓝花1个（200克）

水发黑木耳20克

胡萝卜20克

大蒜2瓣

○ 调料 ○

生抽1大匙

陈醋1大匙

白砂糖1小匙

香油1小匙

色拉油1小匙

盐1/2小匙

购买黑木耳，最好选购东北细黑木耳，也称光木耳，叶片较薄，半透明状，味道较佳。

烹调妙招

○ 做法 ○

1. 黑木耳用温水泡发，取出，去根蒂，切成小块。西蓝花切小朵，放入盐水中浸泡几分钟，捞出洗净。胡萝卜去皮切丝。大蒜剁成蓉。

2. 将生抽、陈醋、白砂糖、香油、蒜蓉放在碗内调匀成料汁，备用。

3. 锅内注入清水，加入色拉油和盐，水烧开后放入西蓝花焯烫约2分钟，捞起，放入凉开水中过凉。再分别放入黑木耳、胡萝卜丝焯烫约1分钟，捞起过凉。

4. 将西蓝花、黑木耳、胡萝卜，放入碗内。将调好的料汁淋在碗内蔬菜上，拌匀即可。

自制肉松

○ 材料 ○

猪腿肉260克

香葱2根（切段）

生姜1片

大蒜4瓣

○ 调料 ○

生抽2大匙

蚝油1大匙

料酒1大匙

桂皮1小块

白糖1小匙

八角1个

炒肉松时不要着急，尽量将火调小，小火慢炒出来的肉松口感才好。

烹调妙招

○ 做 法 ○

1. 将猪腿肉切成麻将大小的块，放入不锈钢碗内，加入所有调料及香葱、生姜、大蒜。

2. 电压力锅内倒入250毫升清水，放入不锈钢碗，调至"排骨"档。

3. 待电压力锅自动跳闸后揭开锅盖，拣去葱段、姜及其他香料，倒入炒锅中。

4. 小火煮至汤汁几乎收干，将肉块放凉。

5. 用平的饭铲将肉块压碎，制成肉丝状。用两把西餐叉将粗的肉丝刮成细肉丝。

6. 将肉丝放入平底锅内，小火慢炒，至变得有些干时取出，再用西餐叉刮丝，再用小火炒干。

7. 最后用两手将肉丝来回揉搓，使肉丝更膨松，即成肉松。放凉后装入保鲜盒保存即可。

南瓜腊味饭

难易程度 ★★★☆☆
孩子参与度 ★★☆☆☆

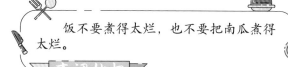

饭不要煮得太烂，也不要把南瓜煮得太烂。

烹调炒招

○ 材 料 ○

南瓜200克
大米1杯
腊肠1根
水发香菇2朵
洋葱半个
香葱1棵
胡萝卜1根

○ 调 料 ○

盐1/2小匙
蚝油1小匙
色拉油1大匙

○ 做 法 ○

1. 南瓜去皮洗净，切大块；腊肠、水发香菇、洋葱、胡萝卜洗净，切丁；葱切成葱花。

2. 大米洗净，放入电饭锅中，加南瓜块，加少量水，煮熟。

3. 锅入油烧热，放入香菇丁、洋葱丁、胡萝卜丁炒出香味，放入腊肠丁，炒熟。

4. 将煮好的南瓜饭倒入锅中，加入清水，翻炒至水干。

5. 调入盐、蚝油炒匀，撒上葱花即可。

红白豆腐汤

(难易程度) ★★★☆☆
(孩子参与度) ★☆☆☆☆

○材料○

猪血、嫩豆腐各150克，蛋皮
1张，生姜2片，香葱1根，香
菜1根

○调料○

盐1/2小匙，水淀粉1大匙

○做法○

1. 猪血、嫩豆腐均切块，放开水中焯烫，捞
   出；香葱切葱花，生姜切片，蛋皮切丝，
   香菜切碎。

2. 汤锅加水，放入猪血块、嫩豆腐块，煮开。

3. 放入姜片，分次加入水淀粉，边煮边搅拌。

4. 加入盐、蛋皮丝、葱花、香菜碎即可。

 孩子巧动手

让孩子帮忙洗净香葱、香菜。

炒猪肝

難易程度 ★★★☆☆
孩子參與度 ★★☆☆☆

○ 材料 ○

猪肝200克
西蓝花2~3小朵
淀粉1大匙

○ 调料 ○

料酒1大匙
黑胡椒粉1小匙
盐1/2小匙
白糖1/2小匙
橄榄油1大匙

○ 做法 ○

1. 猪肝洗净，切片，加入黑胡椒粉、盐、白糖和料酒，拌匀后腌制10分钟左右。

2. 西蓝花放开水锅里焯熟，捞起过凉水，控干。

3. 把猪肝片放进淀粉里使两面都裹上淀粉，然后放进加有橄榄油的热锅里爆炒至两面焦黄，起锅装盘，再放上焯好的西蓝花即可。

煎猪肝的时候可以用筷子扎一下猪肝，能轻松扎透就说明煎熟了。

烹调妙招

孩子巧动手

　　猪肝是众所周知的补铁明星，如果孩子不喜欢猪肝，可以让孩子选择，换成鸡肝、鸭肝、鹅肝，补铁的效果也不错。这道菜里的西蓝花既是装饰品，也可以吃，它所含的维生素C、维生素K等能提高猪肝中所含的铁的吸收率。做这道菜可以让孩子清洗西蓝花。

——小小营养素功劳大

　　锌不仅是维持孩子正常生长发育、味觉功能、食欲、视力发育的重要物质，也是构成大脑的重要物质。孩子如果偏食、挑食，锌摄入不足，很容易出现健康问题。

Q 孩子缺锌有哪些表现？

A 如果孩子有以下3项以上的表现，家长就要注意了，孩子可能缺锌，家长需要带他去医院做检查确诊。在医院里，要准确叙述孩子近期的异常表现，鼓励孩子认真回答医生的问题，配合医生的要求抽血检测微量元素。

　　1. 胃口突然变差，原先每餐能吃 1 碗米饭，现在每餐吃几口就不吃了；

　　2. 出现异食行为，如爱啃指甲，甚至吃泥土、石头等；

　　3. 偏食、挑食严重，看到不喜欢吃的东西就不吃饭，或者吃进嘴里后吐出来；

　　4. 身高要比同龄的孩子矮，且体重轻；

　　5. 免疫力低下，经常生病，如常感冒发烧、扁桃体发炎；

　　6. 视力明显下降，出现近视、散光等情况，夜视能力差；

　　7. 皮肤问题多，例如皮肤瘙痒、湿疹，伤口不容易愈合；

　　8. 口腔溃疡反反复复，无法根治；

　　9. 注意力不集中，做事情时容易分心，记忆力也变差，常常忘事情。

Q 孩子缺锌对身体有什么影响？

A 如果孩子缺锌比较严重，又没有得到及时的纠正，有可能会影响到孩子第二性征的发育。到了青春期男孩可出现睾丸过小、阴茎过短、睾酮含量低、性功能不良的情况，女孩则可出现乳房发育迟缓、月经初潮推迟等。

Q 孩子缺锌与偏食、挑食有关吗？

A 缺锌会让孩子胃口变差，出现偏食、挑食。这是因为锌是唾液中味觉素的重要成分之一，而味觉素是我们感知食物味道的重要物质。孩子如果缺锌，就会使味觉素的合成减少，让孩子对食物的味道不敏感，口味变得挑剔起来。然而口味越是挑剔，就越容易营养失衡，造成缺锌，如此形成恶性循环。

Q 可以通过饮食补锌吗？

A 对缺锌不严重的孩子，可以采取食补的方法补锌。例如，多摄入动物肝脏、贝壳类食物、瘦肉、奶酪、粗粮、坚果、蛋和豆类等，都是可以补锌的。另外，蔬菜中的大白菜、白萝卜、黄瓜、土豆等也含有少量的锌，家长可以用这些蔬菜搭配肉类，让孩子获得的营养更加全面。

Q 富含锌的明星食材有哪些？

A 富含锌的食材如下表，家长可以自由搭配，让孩子的食谱更丰富。

富锌明星	每100克食材中锌含量（单位：毫克）	富锌明星	每100克食材中锌含量（单位：毫克）
蛏子（干）	13.63	山核桃（熟）	12.59
羊肚菌	12.11	鱿鱼（干）	11.24
墨鱼	10.02	牡蛎（鲜）	9.39
口蘑	9.04	松子（生）	9.02
香菇（干）	8.57	羊肉	7.67
奶酪（干酪）	6.97	桑葚（干）	6.15
黑芝麻	6.13	葵花子（炒）	5.91
猪肝	5.78	牛肉	4.73
鸭肝	3.08	兔肉	1.3

参考：《中国食物成分表》（第2版），北京大学医学出版社。

金针菇拌肥牛

难易程度 ★★☆☆☆
孩子参与度 ★★☆☆☆

○材料○

肥牛片200克
金针菇200克
香菜1根
新鲜红椒1个
大蒜2瓣

○调料○

生抽1大匙
蚝油1大匙
香油1大匙
自制花椒油1/2大匙

肥牛片汆烫的时间不宜过长，只要看到锅里的血沫浮上来、肉色转白，就可以捞起。

烹调妙招

○做法○

1. 肥牛片提前从冰箱取出解冻。金针菇切去根部，撕开。香菜切段。红椒切丝。大蒜去皮，切碎。

2. 将生抽、蚝油、香油、花椒油放碗内，加入蒜碎调匀成料汁，备用。

3. 锅内烧开水，放入金针菇焯烫至水开，捞起沥干。

4. 再将肥牛片放入锅内汆烫，中途用筷子把肥牛卷展开。

5. 汆烫至肥牛片转白色，捞起沥干。

6. 将香菜碎、红椒丝、金针菇、肥牛片放碗内，加入调好的料汁拌匀即可。

台湾蚵仔煎

难易程度 ★ ★ ☆ ☆ ☆
孩子参与度 ★ ★ ☆ ☆ ☆

○ 材料 ○

蚵仔（也叫生蚝肉、
　　牡蛎肉）100克
小白菜30克
鸡蛋4个

○ 调料 ○

蚵仔煎粉4大匙
番茄酱1大匙
白砂糖1小匙
植物油1大匙

步骤6和7所示
的即为"煎饼不破"
的窍门，可以用来煎
其他的饼。

烹调妙招

○ 做法 ○

1. 白菜洗净，切小段。蚵仔洗净，沥干。

2. 蚵仔煎粉及1碗清水放
入碗内混匀，做成粉
浆料。番茄酱、1大匙
凉白开、白砂糖一起
放入锅内，煮至冒小
泡，起锅备用。

3. 炒锅烧热，放入油烧热，放入蚵仔炒至六分熟。

4. 将1个鸡蛋打入炒锅内
蚵仔中，用锅铲将蛋黄
铲破。

5. 将粉浆料淋在鸡蛋上
面。表面撒上小白菜，
煎至饼底有些焦黄。

6. 取一只比锅略小的盘子盖在饼上，再把锅翻过
来，饼就扣在盘子中了。

7. 将饼滑入炒锅中，煎
好的一面朝上，另一
面也煎至表面有些焦
黄。将煎好的成品表
面淋上做好的蘸酱即
可食用。

嫩芹爆鲜鱿

难易程度 ★★★☆☆
孩子参与度 ★★☆☆☆

○ 材料 ○

新鲜鱿鱼450克
嫩芹菜4根
新鲜红椒1个
新鲜青椒1个
生姜2片
大蒜3瓣

○ 调料 ○

盐1/4小匙
料酒2大匙
生抽2大匙
蚝油1大匙
白糖1.5小匙
玉米淀粉1小匙
白胡椒粉1/8小匙

芹菜分西芹和香芹,这里用的是香芹,比较嫩,炒制时间不宜过长。

○ 做法 ○

1. 青椒、红椒分别切丝。芹菜去老茎,嫩茎切段。生姜、大蒜分别剁碎。

2. 将鱿鱼表皮黑色的膜撕去,切下尾部,切成小块。

3. 切除鱿鱼头里面的眼睛,用手指甲把黑膜剔除,洗净后将根须切段。

4. 鱿鱼身背部朝上,先45°斜刀切上花刀,再正90°直刀切上花刀,根据鱿鱼的大小,把切好花刀的鱿鱼切片。

5. 将鱿鱼片放入碗内,加入盐、料酒(1大匙)抓匀,腌制10分钟。

6. 锅内烧开水,放入鱿鱼块及鱿鱼须,汆烫3~5秒钟至鱿鱼打卷,捞出沥净水。

7. 生抽、蚝油、料酒(1大匙)、白糖、白胡椒粉、玉米淀粉和1大匙清水在碗内调匀,成味汁。

8. 炒锅烧热,放入油,加入蒜末炒出香味,转大火,加入青红椒丝炒至断生,加入芹菜丝翻炒几下。

9. 加入烫好的鱿鱼,淋入调好的味汁。

10. 大火翻炒至酱汁均匀裹在鱿鱼上,出锅前淋上香油即可。

——为孩子补充正能量

硒是人体必需的微量元素，对孩子的成长有着诸多益处。

Q 为什么说硒可以保护孩子眼睛，防止孩子近视？

A 硒元素是视网膜的重要组成部分，是视网膜里的"警报"和"开关"装置，硒能减少强光和辐射进入眼内，保护视网膜，减少近视的发生。

Q 缺硒会影响孩子的正常发育吗？

A 身体里的各个组织器官利用硒的优先顺序是：脑和睾丸→肾脏、心脏、肝脏和血浆→骨骼、肌肉和红细胞。孩子吃进去的食物，需要经过含硒酶的酶促反应才能转化成身体需要的能量。可以说，孩子各个组织器官的发育以及生命活动需要的能量都离不开硒。

Q 缺硒为什么会影响孩子身体和智力发育？

A 机体分泌甲状腺激素离不开硒的支持，而甲状腺代谢正常是孩子生长激素正常分泌的基础。如果孩子缺硒，可导致甲状腺代谢异常，继而使孩子的生长激素分泌减少，这会让孩子出现智力低下、骨骼发育不良等严重状况。

Q 孩子缺硒会有哪些表现？

A 如果孩子出现下面3种以上的状况，就要考虑是否缺硒：

1. 胃口差，看到不喜欢吃的食物特别抗拒；

2. 记忆力差，前不久看过的东西很快就忘记了；

3. 头发稀疏，干枯不顺滑；

4. 心律失常、心动过速或者其他心血管问题；

5. 免疫力差，经常发烧感冒，反反复复难痊愈；

6. 反应迟钝，不够灵敏；

7. 跟同龄孩子相比，看起来更瘦小；

8. 好动，不论做什么事情都不能持续专注。

Q 如何通过饮食给孩子补硒？

A 如果孩子缺硒，可以通过饮食给孩子补硒。动物内脏、海产品都是硒的良好来源，小麦、玉米、大米、豆类等食物也含有大量的硒，还有菜花、西蓝花、大蒜、洋葱、百合、蘑菇等也含有一定量的硒，家长可以自由组合，搭配出色香味俱全的补硒餐。

Q 富含硒的明星食材有哪些？

A 下表中的食材富含硒，家长可以自由选择，任意搭配。

富硒明星	每100克食材中硒含量（单位：微克）	富硒明星	每100克食材中硒含量（单位：微克）
鱿鱼（干）	156.12	海参（干）	150
蛏子（干）	121.2	猪肾	111.77
墨鱼（干）	104.4	松蘑（干）	98.44
牡蛎	86.64	海蟹	82.65
扇贝（干）	76.35	虾米	75.4
虾皮	74.43	小麦胚粉	65.2
鸭肝	57.27	海虾	56.41
红茶	56	小黄花鱼	55.2
蛤蜊	54.31	鸡肝	38.55

参考：《中国食物成分表》（第2版），北京大学医学出版社。

葱姜炒花蛤

○材料○

花蛤500克

香葱2根（切段）

大蒜4瓣（切碎）

新鲜红椒1个（切丝）

生姜30克

○调料○

生抽1大匙

盐1/8小匙

白砂糖1小匙

料酒3大匙

白胡椒粉1/4小匙

植物油1大匙

花蛤吐沙这一步很重要，没有吐净沙的话炒好后吃起来会硌牙。为了保证花蛤内没有残存的泥沙，余烫后还要多换几次水清洗。

烹调炒招

○做法○

1. 将花蛤放在淡盐水中静养3小时，让其吐净泥沙。生姜切出3片留用，剩下切丝。

2. 生抽、盐、白砂糖、料酒（1大匙）、白胡椒粉放碗中，加1大匙热开水调匀，成味汁。

3. 锅内放清水，加入生姜3片、料酒2大匙，大火煮开，放入花蛤煮至壳张开，捞起。

4. 花蛤放入清水中，逐个清洗干净里面的泥沙。

5. 炒锅放油烧热，放姜丝、蒜碎、红椒丝小火炒香，放葱段炒香，加味汁烧开。

6. 加入花蛤，大火快速翻炒1分钟，至调味料均匀裹在花蛤上即可盛盘。

培根腰果沙拉

难易程度 ★☆☆☆☆
孩子参与度 ★★☆☆☆

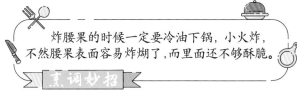

炸腰果的时候一定要冷油下锅，小火炸，不然腰果表面容易炸煳了，而里面还不够酥脆。

烹调妙招

◦材 料◦

小黄瓜1/2根，圣女果10个，红苹果半个，紫皮洋葱1/4个，培根2片，生菜2片，腰果50克

◦调 料◦

酸奶1杯，植物油1大匙

◦做 法◦

1. 锅内放入油，冷油放入腰果，用小火半煎半炸至熟。炸熟的腰果表面呈金黄色。

2. 将腰果捞出沥净油，放凉备用。

3. 培根放入无油的热锅里，用小火煎熟。

4. 培根切片。小黄瓜、红苹果分别切小块。紫皮洋葱切丝。生菜撕小片。

5. 所有蔬果放入大盆内，表面撒上腰果，食用时拌上酸奶即可。

芝士汁粉丝焗扇贝

难易程度 ★★★☆☆
孩子参与度 ★★☆☆☆

○材料○

扇贝5只，粉丝50克，蒜2瓣，
车打芝士60克，中筋面粉20克

○调料○

花生油20克，牛奶200毫升，盐
1/2小匙，胡椒粉1/2小匙

○做法○

1. 泡粉丝，洗扇贝。

2. 在扇贝肉表面均匀地撒盐、胡椒粉，放上
   粉丝。

3. 蒜去皮，用压蒜器压成蓉。

4. 做芝士汁：平底锅烧热，放入油烧热，放
   入蒜蓉炒香，放中筋面粉，炒成面糊，倒
   入牛奶搅拌，加芝士煮至化开，加盐、胡
   椒粉调味。

5. 烤箱预热到150℃。把粉丝扇贝放进烤盘
   里，并淋上芝士汁，烤15分钟就可以了。

做芝士汁要搅拌至没有颗粒、细腻才好。

烹调妙招

海米烧丝瓜

难易程度 ★★☆☆☆
孩子参与度 ★★★☆☆

○材料○

丝瓜2根
海米15克
蒜2瓣

○调料○

盐1/2小匙
白醋1小匙
色拉油1大匙
水淀粉1小匙

泡海米的水不要倒掉，留着煮丝瓜时用。

烹调炒招

○做法○

1. 丝瓜用刮刀刮净表皮，洗净；海米放入碗内，用清水浸泡几分钟；大蒜去皮，剁成蓉。

2. 将去皮的丝瓜切成滚刀块，海米泡发后沥干水。

3. 锅上火，放入油，冷油放入蒜蓉、海米炒出香味。

4. 再放入丝瓜块，转中火炒匀，调入盐、白醋。

5. 将泡海米的水倒入锅内，煮至丝瓜变软即成。

6. 再将水淀粉淋入锅内，煮至汤汁浓稠即可。

孩子巧动手

烧制丝瓜不变黑的窍门：首先要购买细根、直身、表皮翠绿的嫩丝瓜，老丝瓜容易变黑；炒制时可以放白醋，整个煮制过程都不要加锅盖，这样烧出来的丝瓜就不会变黑了。做这道菜可以让孩子认识一下白醋。

虾皮拌香菜

难易程度　★☆☆☆☆
孩子参与度　★★★★☆

○材料○

绿豆粉皮150克
虾皮50克
香菜50克
红尖椒50克
姜1块

○调料○

盐1/2小匙
香油1小匙
醋1小匙

○做法○

1. 香菜择去老叶、根，洗净，切段；红尖椒切丝；姜洗净，切丝。

2. 粉皮用温水泡软，用开水烫过；虾皮洗净。

3. 香菜、红尖椒丝、虾皮、粉皮放大碗中，加盐、醋、香油、姜丝拌匀即成。

粉皮用温水泡发后，再放入开水中煮，可以很快煮好。

烹调妙招

孩子巧动手

　　虾皮拌香菜简单又有营养，一年四季都可以让孩子吃。如果孩子不喜欢香菜可以换成黄瓜、尖椒，也不影响菜品的补硒效果。做这道菜，可以让孩子清洗香菜。

——提升孩子的学习力

碘是孩子身体发育所必需的元素，家长在平时要科学地给孩子补充碘，既不能缺碘，也不能碘过量。

Q 碘对孩子有哪些好处？

A 碘对孩子的成长发育有很多好处，这要从碘对身体的作用说起。

碘与甲状腺"配合"分泌的甲状腺素，能促进孩子的新陈代谢，让孩子健康成长。

孩子大脑神经细胞的生长依靠甲状腺素的支持，而甲状腺素的分泌需要碘。

身体和碘

碘能参与蛋白质的合成，帮助孩子增强肌肉收缩的能力。

孩子的视觉器官也离不开碘，碘能活跃孩子视觉器官的新陈代谢，帮助预防近视。

Q 孩子缺碘会有哪些表现？

A 如果发现孩子的脖子粗大，说明孩子可能缺碘了，需要去医院做进一步检查。

缺碘的孩子甲状腺素分泌不足，代谢慢，生长发育速度也就缓慢，常常比同龄的孩子个子矮、瘦弱，而且皮肤发凉、水肿，声音无力、嘶哑。

缺碘的孩子代谢慢，对食物的消耗就慢，不容易出现饥饿感，常见腹胀、便秘等肠胃问题。

Q 食物可以补充碘吗？

A 碘大部分都可以从食物和水中获取，我们常吃的蛋类、奶类以及海带、海藻、紫菜、蛤蜊、海参等海产类都是碘的理想来源。

Q 吃碘盐就可以补碘了？

A 首先要明确，孩子缺碘才需要额外补碘。补碘有一个快捷方式——吃用碘盐做的菜。但用碘盐补碘，家长们首先要明确，碘盐只要作为调味品使用就能起到补碘的作用，切忌为了补碘专门吃碘盐或增加碘盐的用量，碘盐的用量每人每天不能超过6克。

Q 富含碘的明星食材有哪些?

A 下表中的食材都富含碘,家长可以自由选择,任意搭配。

富碘明星	每100克食材中碘含量 （单位：微克）	富碘明星	每100克食材中碘含量 （单位：微克）
紫菜	4323	海带（鲜）	113.9
虾皮	82.5	鹌鹑蛋	37.6
牛肉（瘦）	10.4	核桃	10.4
小白菜	10	黄豆	9.7
青椒	9.6	杏仁	8.4

参考：《中国食物成分表》（第2版），北京大学医学出版社。

Q 选购和使用碘盐需要注意什么?

A 选购和使用碘盐需要注意以下几点:

· 选购贴有碘盐标志的盐;

· 碘元素容易挥发,要买小包装的碘盐;

· 随吃随买,不要囤货;

· 炒菜、做汤时出锅前放盐,补碘效果最好;

· 保存时宜放在有盖的棕色玻璃瓶或瓷缸里,再放在阴凉、干燥的地方保存,以防碘挥发。

紫菜蛋卷

难易程度 ★★★☆☆
孩子参与度 ★★☆☆☆

○材料○

紫菜1张
猪瘦肉馅100克
鸡蛋2个
韭菜25克
水淀粉1大匙
葱2段
姜1块

○调料○

盐1/2小匙
料酒1小匙
香油1小匙

将猪肉馅换成牛肉馅，口感更筋道一些。

烹调妙招

○做法○

1. 韭菜去掉老叶，洗干净，切末；葱、姜洗净，切末。

2. 把猪肉馅、葱末、姜末放进盆里，加入水淀粉、料酒、香油和盐，加1个鸡蛋，搅打至肉馅黏稠，加韭菜末，拌匀。

3. 另一个鸡蛋加水淀粉、盐搅匀；平底锅烧热，倒入鸡蛋液，摊成蛋皮。

4. 把猪肉韭菜馅放在蛋皮上，然后放上紫菜，再铺一层猪肉韭菜馅，卷好，入蒸锅隔水蒸30分钟，取出晾至温热，切成小段即可。

孩子巧动手

　　这道菜家长可以带着孩子变着花样做。把猪肉馅换成米饭就等同于寿司，还可以在里面卷入更多的食材。但要注意不要去掉紫菜，那样就会影响补碘的效果了。

鸡肉海藻秋葵温沙拉

难易程度　★★☆☆☆
孩子参与度　★★★☆☆

○材料○

鸡胸肉300克

海藻50~100克

秋葵3根

蒜2瓣

○调料○

烹大师调料（干贝风味）1小袋

芝麻酱1大匙

色拉油1大匙

玉米淀粉1小匙

乌醋1小匙

乌醋也叫永春老醋或福建红糟醋，是福建传统特色调味品。

小知识

○做法○

1. 秋葵洗净，去掉蒂；蒜去皮，切成蒜蓉或用压蒜器压成蒜蓉。

2. 烧开一锅水，放入秋葵焯2~3分钟，捞出过凉水，切厚片。

3. 海藻洗净，焯水，剪成适当的长度，沥干水备用。

4. 鸡胸肉切小条，加玉米淀粉抓匀，静置5分钟。

5. 平底锅加油烧热，放蒜蓉、芝麻酱炒香，倒入水，搅匀，用中火煮开，再倒入烹大师调料、乌醋搅匀，沙拉酱就做好了。

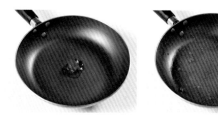

6. 鸡肉条放入开水锅中煮至颜色发白，捞起沥干。

7. 处理好的材料按照"海藻→鸡肉条→秋葵"的顺序码放在沙拉碗里，然后淋上做好的沙拉酱就可以了。

孩子巧动手

　　海藻换成海带，把海带切成丝或打成结，焯水后跟鸡肉条、秋葵一起凉拌，脆脆的也很好吃，补碘效果也不错。

牛腩原汁拌面

难易程度 ★★★☆☆
孩子参与度 ★★☆☆☆

○材料○

牛腩350克
鲜手擀面300克

○调料○

料酒1大匙
老干妈豆豉10克
酱油1大匙
色拉油1大匙
花椒10粒
香叶3片
盐1/2小匙

○做法○

1. 牛腩切成大块，入开水锅中余烫，撇去浮沫。

2. 起油锅烧热，放入老干妈豆豉、花椒、香叶，煸出香味，再放入牛腩块煸炒至发白。

3. 烹入料酒，倒入鲜酱油，煸炒至上色、出香，倒入水炖煮40分钟，加入盐，盛出。

4. 另取一锅，锅内加水，烧开后下入手擀面煮熟（煮制过程中可稍加点盐），将煮好的面捞出，与炖好的牛腩一起摆盘即可。

牛腩多炒一会儿再加开水煮，会更香。

烹调妙招

孩子巧动手

如果仅是炖牛腩会有一些腻，与孩子一起商量，搭配一些素菜，荤素搭配，营养更丰富，补碘效果好，口感也更好。圆白菜、小白菜、油麦菜等蔬菜都行，可以与牛腩一起炖，也可以另外炒或拌。

茶树菇煲鸡汤

难易程度 ★★★☆☆
孩子参与度 ★★☆☆☆

○材料○

干茶树菇150克
嫩鸡半只
猪脊骨1小块
蜜枣10颗
生姜1块

○调料○

盐1/2小匙

○做法○

1. 鸡洗净，剁成大块；
   姜洗净，切成片。

2. 干茶树菇用冷水浸泡
   半小时，剪去根部。

3. 锅内倒入清水，放入
   鸡块、猪脊骨，煮至
   肉色转白，捞出冲洗
   干净。

4. 将茶树菇、鸡块、猪
   脊骨、蜜枣、姜片放
   入锅内，倒入清水，
   大火烧开后转中火煲
   20分钟，再转小火煲1
   小时，调入盐即可。

 孩子巧动手

如果孩子不喜欢茶树菇，可以加入青椒、核桃等富含碘的食材，食材更丰
富，鸡汤的鲜味也更香浓。

凉拌海带丝

难易程度 ★☆☆☆☆
孩子参与度 ★★★☆☆

○材料○

海带丝250克

○调料○

蚝油1大匙，蒜蓉辣酱1大匙，
香油1大匙，陈醋1大匙

烹调妙招

因蚝油和蒜蓉辣酱都有咸味，故这道菜不需要再放盐。如果孩子不能吃辣，可不放蒜蓉辣酱。

○做法○

1. 将海带丝洗干净，用剪刀剪成长段。

2. 锅入水，放入海带丝煮至水开后再煮1~2分钟，捞出过凉。

3. 将海带丝捞出沥干，放入碗内，放入所有调料拌匀。

4. 放置10~20分钟再吃，更入味。

特别专题 ——补充益生菌，提高孩子免疫力

益生菌能促进孩子肠道内的菌群平衡，有益于身体健康。但仍有不少家长对如何给孩子补充益生菌不甚了解，这里我们就来一一为大家答疑解惑。

● 什么是益生菌？

益生菌就是定植在人体内，对人体健康有益的一类活性微生物，比如双歧杆菌、嗜酸乳杆菌、酵母菌等。

● 益生菌进入人体后，主要作用是什么？

益生菌进入人体后，主要定植在肠道内，可帮助改变肠道内的菌群组成，维持肠道内的菌群平衡，使身体达到健康状态。

● 益生菌是如何维持肠道菌群平衡的？

人体的肠道就是一个微生态系统，生存着数目庞大的细菌，这些细菌大致的分类情况可参见下表。

种类	代表菌群	生理功能
有益菌	双歧杆菌、嗜酸乳杆菌、酵母菌等	合成人体所需的各种维生素；参与食物的消化吸收；促进排便；抑制致病菌群的生长；分解有害、有毒物质等
有害菌	金黄色葡萄球菌、溶血性链球菌、产气荚膜梭菌等	对肠道安全有潜在的危害，一旦失控，就会产生有害物质，引发过敏、感染、腹泻、便秘、肠炎等疾病
中性菌	大肠杆菌、肠球菌等	在正常情况下对肠道无害，但其属性会随着人体状况的变化而变化，比如当有益菌数量占优势时，中性菌会偏向有益菌，对身体有益；相反，就会偏向有害菌，对身体不利

正常情况下，各种细菌之间相互制约和依存，保持着动态的微生态平衡。但是，孩子尚未形成稳定的肠道菌群，菌群通常比较脆弱，多样性差，容易受许多因素的影响，比如食物种类单一，膳食纤维摄入不足，日常活动量过少等。这些因素都可能会破坏肠道内正常的菌群组合，使有益菌的数量减少，有害菌的数量增多，从而引起肠道菌群失调或紊乱，继而影响食物的消化吸收，甚至影响孩子的免疫力。

● 肠道菌群是如何形成的?

　　人体内的肠道菌群从出生后开始逐渐形成，到2岁时建立稳定的菌群，这一演变过程称为肠道菌群的初级演替。而人体内的肠道菌群一旦形成，就会伴随我们一生。

肠道菌群的初级演替

| 胎儿出生 | → | 产道中的细菌进入新生儿体内 | 肠道菌群开始形成 | → | 周围环境中的细菌继续进入体内 | 肠道菌群逐渐完善并增强 | 至2岁 | 建立稳定的肠道菌群 |

● 如何为孩子选择益生菌?

　　1.优先选择卫健委允许应用的"上榜"菌株，安全性更有保证。

卫健委允许使用的菌株名单

公告日期	菌种名称	拉丁名称	菌株号
2016/6/8	发酵乳杆菌	Lactobacillus fermentum	CECT5716
2016/6/8	短双歧杆菌	Bifidobacterium breve	M-16V
2014/8/6	罗伊氏乳杆菌	Lactobacillus reuteri	DSM17938
2011/10/24	嗜酸乳杆菌（仅限1岁以上）	Lactobacillus acidophilus	NCFM
2011/10/24	动物双歧杆菌	Bifidobacterium animalis	Bb-12
2011/10/24	乳双歧杆菌	Bifidobacterium lactis	HN019
			Bi-07
2011/10/24	鼠李糖乳杆菌	Lactobacillus rhamnosus	LGG
			HN001

注：学龄期儿童使用这些益生菌制剂，安全系数比较高。

　　2.不同的菌种有不同的功能，益生菌的作用具有菌株特异性，一个益生菌菌种下可能有很多的菌株，所以应选择标签上标有明确的益生菌菌株编号的益生菌，作用更明确。比如从人类母乳中分离出来的罗伊氏乳杆菌DSM17938菌株，是有史以来与人类共同进化的少数细菌之一，在针对肠绞痛、便秘、腹泻、湿疹、感染和抗生素过敏方面具有比较明确的健康功能。

　　3.选择有相对充分的临床研究验证的益生菌菌株，更具有可信性。

　　4.选择有第三方的专业指南/专家共识推荐的益生菌菌株。例如罗伊氏乳杆菌DSM17938菌株是经过国际儿科医学指南推荐的。

　　5.选择有控温冷链存储和配送的益生菌产品，因为益生菌制剂多是活性微生物，再好的菌株，如果存储和配送方法不当，很可能会导致益生菌活性大幅下降，影响服用效果。

第二章 吃对“特效”食物 满足孩子生长发育的各项需求

L'il Critters

小熊心语：

在“不能让孩子输在起跑线上”的口号的带领下，很多家长快速地行动起来，他们领着孩子奔走在各个补习班、兴趣班之间。且不说学习的效果、效率如何，孩子的身体受得了吗？学东西是重要的，但是有一个好的身体是更重要的，身体好大脑的反应能力自然就强，人也就变聪明了。吃得好是身体好的重要保障，家长怎么做才能让孩子吃得好呢？本章，让我们带孩子吃对“特效”食物，用对“特效”食谱，满足孩子生长发育的各项要求。

健脑益智 ——轻松学习，快乐成长

Q 饮食会影响孩子智力发育吗?

A 影响孩子智力发育的因素，除了遗传之外，还要有两大因素：一是成长环境的刺激；二是饮食营养的支持。

影响智力发育的两大因素

成长环境的刺激 ----> 外界信息的输入会刺激大脑，使孩子的神经系统做出相应的反应，如思考、运动等，这些活动又反过来促进神经发育，使大脑得到锻炼。

饮食营养的支持 ----> 蛋白质是构成脑细胞的基本成分；
碳水化合物为脑部活动提供动力；
二十二碳六烯酸（DHA）和二十碳五烯酸（EPA）是构成脑组织的重要成分；
铁参与合成血红蛋白，为脑部供氧；
碘参与合成甲状腺激素，促进脑部发育；
锌是脑细胞生长、大脑皮层发育的关键物质。

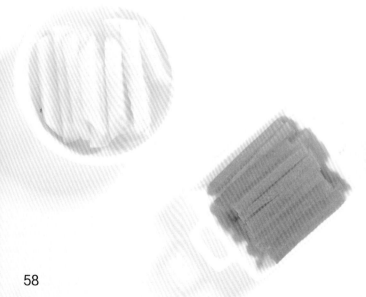

Q 哪些食材可以健脑益智？

A 吃是孩子每天的头等大事，充足的营养能给大脑发育和智力发展提供动力。下面这些健脑益智的食物，可以让孩子适当多吃：

	健脑益智食物	主要健脑益智成分
谷豆类	黄豆	不饱和脂肪酸、大豆磷脂
	小麦胚芽	谷胱甘肽、硒
	蚕豆	钙、锌、锰、胆碱
肉蛋水产类	鹌鹑蛋	卵磷脂、脑磷脂
	鸡蛋	DHA、卵磷脂、铁、蛋白质
	鲫鱼	蛋白质、不饱和脂肪酸
	鳝鱼	DHA、卵磷脂
	鲈鱼	蛋白质、不饱和脂肪酸
	三文鱼	$\Omega-3$ 脂肪酸
	牛肉	蛋白质、铁、锌
	兔肉	卵磷脂
蔬菜类	佛手瓜	锌
	黄花菜	蛋白质、钙、磷、铁、胡萝卜素等
水果类	橙子	维生素C、胡萝卜素
	香蕉	蛋白质、钾、磷
	红心火龙果	花青素
干果类	核桃	不饱和脂肪酸、铜、镁、钾、维生素 B_6、叶酸和维生素 B_{12} 等
	松子	磷、锰
其他	橄榄油	不饱和脂肪酸、多种维生素
	大豆制品	大豆卵磷脂

参考：《中国食物成分表》（2004），北京大学医学出版社。

葱香浇汁鱼

难易程度 ★★☆☆☆
孩子参与度 ★★☆☆☆

○材料○

新鲜鲈鱼1条（约400克）

红椒1个

洋葱1/2个

香葱5根

生姜20克

○调料○

生抽2大匙

白糖1小匙

植物油1大匙

白胡椒粉1/16小匙

盐1小匙

料酒1大匙

鱼背上切一刀，可以让鱼更容易蒸熟，还可防止鱼皮开裂，使蒸出来的鱼皮比较完整。

烹调妙招

○做法○

1. 鲈鱼去鳞、鳃、内脏。洋葱、生姜、红椒均洗净切丝。香葱分开葱白和葱叶，切段。

2. 用利刀在鱼背上深切一刀，用盐、料酒抹遍鱼身，放入鱼盘腌制10分钟。

3. 蒸锅内烧开水，放入鱼盘，盖上锅盖，大火蒸8~10分钟。

4. 炒锅内放入植物油烧热。放入洋葱丝、葱白段、姜丝、红椒丝炒出香味。再放入葱叶段，加入生抽、白糖、白胡椒粉和1大匙清水烧开，即成葱油料汁。

5. 用筷子扎一下蒸好的鱼，如果可以轻松扎入，说明已经蒸熟了。

6. 倒去鱼盘里的汤汁，趁热淋上调好的葱油料汁即可。

金针拌香干

○材料○

金针菇150克，五香豆干5块，胡萝卜1/2根，香菜碎、葱末、蒜末各1小匙

○调料○

生抽2大匙，香油1大匙，辣椒红油1/2小匙

○做法○

1. 胡萝卜去皮，洗净切丝，用盐腌软，再洗净，沥干水；豆干切丝，金针菇择洗净。

2. 锅入水烧开，放入豆干丝焯熟，捞出，沥干水。

3. 再放入金针菇焯熟，捞出，沥干水。

4. 将金针菇、豆干丝、胡萝卜丝、香菜碎、葱末、蒜末放在碗内，加入生抽、香油、辣椒红油拌匀即可。

 孩子巧动手

　　可以让孩子参与的简单步骤：（1）胡萝卜去皮洗净；（2）金针菇择洗净；（3）最后一步，将所有材料在碗中搅拌均匀。

水炒蛤蜊鸡蛋

○ 材料 ○

蛤蜊肉200克，鸡蛋3个，韭菜1小把

○ 调料 ○

盐1/2小匙，食用油1小匙

○ 做 法 ○

1. 蛤蜊肉洗净。韭菜洗净，切成段。

2. 将蛤蜊肉放入碗中，打入3个鸡蛋，充分搅拌均匀。

3. 加入韭菜段、盐，搅拌均匀。

4. 锅中加入80毫升水，淋上食用油。

5. 待水开时将蛤蜊肉和鸡蛋液的混合物倒入锅内。

6. 用中小火推炒至蛋液凝固，关火即可。

孩子巧动手

可以让孩子参与以下步骤：（1）择洗韭菜；（2）将韭菜段与鸡蛋液充分搅拌均匀。

番茄炖鱼

○ **材料** ○

草鱼500克

中等大小番茄4个

香葱3根

姜片4片

姜末5克

葱花5克

玉米淀粉20克

○ **调料** ○

米酒1小匙

盐1/2小匙

白糖1大匙

生抽2小匙

鸡精1/4小匙

白胡椒粉1/8小匙

李锦记番茄酱2大匙

○ **做法** ○

1. 将草鱼剖开肚，去内脏，去净鳞，剁成长方块状。番茄2个切细丁，2个切成瓣状。生姜切片，香葱切段。

2. 草鱼块放入碗内，加入姜末、米酒、盐（1/2小匙），用手抓匀，静置腌制15分钟。

3. 盘内放入玉米淀粉，将鱼块拍上一层薄薄的玉米淀粉。

4. 平底锅内放油烧热，放入鱼块，转中小火煎制。

5. 煎至鱼块表面金黄后翻面，至另一面也呈金黄色，捞起沥净油备用。

6. 平底锅洗净，重新烧热少许油，放入姜片、葱花，炒出香味。

7. 加入番茄丁，用小火煸炒一下。

8. 再加入番茄酱、白糖、生抽、盐（1/2小匙）及清水，用中火煮开，转小火煮至番茄丁化开。

9. 加入煎好的鱼块和番茄瓣，盖上锅盖，焖煮约10分钟。

10. 中途翻动几次鱼块，让鱼块全部浸入酱汁内，煮至酱汁浓稠，最后加入香葱段、鸡精、白胡椒粉即可出锅。

孩子巧动手

1. 参与草鱼块腌制过程。
2. 将鱼块拍上一层玉米淀粉。

金色杂粮豆皮卷

难易程度 ★★★★☆
孩子参与度 ★★☆☆☆

○材料○

大米100克

糙米50克

黑米50克

油豆皮1张

豇豆50克

香菇3朵

胡萝卜1根

坚果20克

面粉50克

○调料○

色拉油1小匙

酱料1小匙

生抽1小匙

芝麻油1小匙

卷豆皮卷的时候一定要压实，就像卷寿司一样，然后用面糊把油豆皮边缘粘好。

素调妙招

孩子巧动手

孩子可以帮忙一起卷豆皮卷，坚果用花生、核桃、腰果、松子仁等均可。

○做法○

1. 将大米、糙米和黑米淘洗干净，煮成杂粮饭，加少许生抽、芝麻油拌匀。

2. 香菇洗净切片，胡萝卜洗净，切条，豇豆洗净切长段，分别焯熟，捞出沥干水。

3. 按照1∶1的比例放水和面粉，用筷子顺着一个方向搅拌成面糊。

4. 油豆皮泡软，捞出控水，从中间剪开，将油豆皮平铺，放上杂粮饭，摆上胡萝卜条、豇豆段、香菇片，撒坚果碎，再卷起来。

5. 平底锅中放少许色拉油加热，放入油豆皮杂粮卷，用中小火煎至呈金黄色，盛出，改刀，挤上酱料就可以了。

松仁玉米

○材料○

甜玉米粒300克
松子30克
绿色彩椒50克
红色彩椒50克

○调料○

橄榄油15克
白糖10克
盐1/2小匙

○做法○

1. 彩椒切成3毫米见方的颗粒。松子去壳去皮。

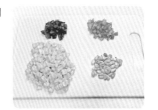

2. 炒锅内放入松子，开小火将松子焙炒出香味，盛出备用。

3. 炒锅烧热，放入橄榄油，烧热。

4. 加入彩椒粒，小火炒至断生。

5. 加入甜玉米粒、盐、白糖，用中火翻炒约3分钟。

6. 最后加入松子仁，翻炒均匀即可出锅。

烹调妙招

如果买的是鲜玉米，剥玉米粒时可先将整个玉米掰断，然后沿着玉米粒的缝隙从玉米段的中间一切为二，再用手一行行剥下玉米粒就可以了。

孩子巧动手

可以让孩子参与剥玉米粒和松子，剥玉米粒时可以借助勺子等工具，但是要注意安全，不要伤了手。

——视力清晰看得清

Q 孩子视力出现问题时有什么表现?

A 如果孩子出现下面的状况,应及时带他去医院眼科检查,如果出现视力损伤宜尽早矫正。

- 孩子看电视时,喜欢走到电视跟前,离电视很近,反复提醒仍然不改正;
- 孩子经常揉眼睛、眨眼睛,眼睛看起来红红的;
- 喜欢斜着眼睛看东西;
- 眼球内斜,俗称"斗鸡眼";
- 经常侧着头或眯着眼睛看东西。

Q 保护孩子的视力需要从哪里入手?

A 要想眼睛亮、视力好,离不开营养的支持,保护孩子的视力需要从饮食入手。

如果孩子出现眼睛发红、分泌物增多、早上眼睛睁不开、眼睛干涩、视力下降、看东西重影,家长就要注意了,出现这些状况,说明孩子的视力出现问题了,需注意多给孩子补充一些有助于维护视力的营养素,并注意用眼卫生,保护孩子的眼睛。

Q 有助于清肝明目的食物有哪些？

A 生活中有不少清肝明目的食物（见下表），家长注意要给孩子适当多吃。

营养素	作用	富含营养素的食物
维生素A	对视力、皮肤黏膜、骨骼生长、免疫功能都有调节作用	动物肝脏如鸡肝、鸭肝、猪肝，以及鱼肝油、奶类和禽蛋类等
类胡萝卜素	能吸收蓝紫光，在人体内可以转化为维生素A，对保护视力有好处	南瓜、青椒、番茄、菠菜、芹菜、玉米、芥蓝、杧果、西瓜等
B族维生素	孩子缺乏B族维生素时，容易出现畏光、视力模糊、流泪等不适症状	糙米、胚芽米、全麦面包等全谷类食物，动物肝脏、瘦肉、酵母、牛奶、豆类、绿色蔬菜等
维生素C	缺乏维生素C易引起晶状体浑浊的白内障病	青椒、黄瓜、菜花、小白菜、鲜枣、生梨、橘子等新鲜蔬菜和水果
维生素E	能帮助孩子改善眼部血液循环，增强眼部的代谢	核桃、杏仁、腰果、花生、松子、葵花子等
锌	能防止自由基对孩子眼睛的伤害	贝类、鱼虾、小麦、坚果等
铁	孩子如果缺铁，眼部得不到足够的血液滋养，也容易出现视力问题	动物肝脏、动物血、猪瘦肉、牛肉、蛋黄、红枣等
花青素	缓解眼部疲劳	红甜菜、蓝莓、蔓越莓、黑樱桃、紫葡萄等红色、紫色、紫红色的蔬菜和水果
钙	能帮助孩子消除眼周紧张，放松眼肌	豆类、绿叶蔬菜、海产品、奶类等
蛋白质	孩子若缺乏蛋白质，可导致视紫质合成不足，进而出现视力问题	畜瘦肉、禽肉、鱼虾、奶类、蛋类、豆类及豆制品等

参考：《中国食物成分表》（第二版），北京大学医学出版社。

胡萝卜土豆煲脊骨

难易程度 ★★★☆☆
孩子参与度 ★★☆☆☆

○**材料**○

猪脊骨500克

土豆200克

胡萝卜150克

蜜枣10个

姜2片

○**调料**○

盐1/2小匙

○**做法**○

1. 猪脊骨洗净血水，放入冷水锅内煮至水开，捞起，冲洗干净。

2. 锅内注入清水，放入猪脊骨、蜜枣、姜片，大火煮开后，转中小火加盖煲30分钟。

3. 再放入胡萝卜块、土豆块，加盖中小火煲30分钟至汤色泛白时，加盐调味即可。

土豆和胡萝卜不要过早放入，要待猪脊骨煲出味来（汤色转微白）再放，放入过早，土豆、胡萝卜容易煮碎。

烹调妙招

孩子巧动手

　　家长要培养孩子多吃胡萝卜的习惯，这对孩子的视力发育及养护很有好处。胡萝卜的吃法也很多样，炒、拌、炖都可以。做这道菜，可以让孩子清洗胡萝卜。

香煎菠菜春卷

○材料○

菠菜200克
猪肉馅100克
鸡蛋2个
馄饨皮200克
葱2段
姜1块
面包糠100克

○调料○

盐1小匙
酱油1小匙
色拉油1大匙

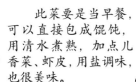

此菜要是当早餐，可以直接包成馄饨，用清水煮熟，加点儿香菜、虾皮，用盐调味，也很美味。

烹调妙招

○做法○

1. 菠菜洗净；1个鸡蛋打散。

2. 将菠菜焯软，过凉水，挤干水，切碎；葱洗净，切成末；姜洗净，切成末。

3. 在猪肉馅里加入葱末、姜末、1个鸡蛋、酱油，用筷子顺着一个方向把肉馅搅打成糊状，放入菠菜碎拌匀。

4. 取馄饨皮，放入肉馅，卷成春卷。

5. 将春卷裹满蛋液，再裹一层面包糠，放入烧热油的平底锅中，中小火慢煎，至两面金黄时出锅装盘就可以啦。

孩子巧动手

可以让孩子一起卷春卷，示范性地引导孩子参与做家务。

海带豆腐瘦肉汤

难易程度 ★★☆☆☆
孩子参与度 ★★★☆☆

○材料○

海带结6个
嫩豆腐8小块
猪瘦肉60克
葱2段
姜1块

○调料○

盐1/2小匙
生抽1小匙
玉米淀粉1小匙

○做法○

1. 猪瘦肉切薄片，嫩豆腐切块，海带结洗净；葱洗净，切葱花；姜洗净，切片。

2. 猪瘦肉用生抽腌制10分钟，再放入玉米淀粉抓拌均匀。

3. 砂锅内加清水，煮开后加入海带结、嫩豆腐、猪瘦肉、姜片，煮开后转小火煮10分钟，放入盐、葱花调味即可。

烹调妙招

海带结提前洗净，泡发，也可以用海带片。

孩子巧动手

　　如果孩子愿意尝试，可以让他自己做这道菜：将海带结、嫩豆腐、猪瘦肉放在一个大碗里，加入适量清水，再放进微波炉里加热，最后用盐调味，效果也是不错的，既安全又方便。

番茄意大利面

难易程度　★★★☆☆
孩子参与度　★★☆☆☆

○ **材料** ○

猪肉馅300克

洋葱100克

番茄200克

意大利面400克

蒜2瓣

○ **调料** ○

番茄酱150克

生抽1小匙

蚝油1小匙

白糖1/2小匙

盐1/2小匙

黑胡椒粉1/2小匙

料酒1大匙

橄榄油1小匙

芝士粉1小匙

食用油1大匙

番茄酱一定要多放，直至肉的色泽都变红为止，做出来的面才色鲜味浓。

烹调妙招

○ **做法** ○

1. 洋葱去皮，洗净，切碎；番茄洗净，切块；大蒜洗净，剁成蓉。

2. 锅内放入油，冷油放入蒜蓉、洋葱碎炒出香味。

3. 加入猪肉馅，翻炒数下，调入料酒，小火慢慢炒至猪肉出油、表面呈微黄色。

4. 加入番茄块，翻炒均匀。

5. 调入番茄酱、生抽、蚝油，倒入少许清水。

6. 煮至番茄变成酱汁后，加入白糖、黑胡椒粉，继续熬至酱汁浓稠即可盛出。

7. 锅入水，放入少许盐、橄榄油，加盖烧开后，放入意大利面条，大火煮15分钟左右。

8. 面条捞出，过凉水，取出沥干，盛入大盘内，淋上做好的番茄肉酱，撒芝士粉即可。

白灼芥蓝

〇 材料 〇

芥蓝350克
新鲜红椒1个
枸杞10颗
姜1块

〇 调料 〇

色拉油1大匙
盐1/2 小匙

〇 做法 〇

1. 将芥蓝择洗干净；将生姜切成丝；红椒去蒂、籽，切成丝；姜洗净，切丝。

2. 烧开水，放入芥蓝，加盐煮至水再次沸腾，将芥蓝捞起。

3. 油锅烧热，放入姜丝、红椒丝小火炒至出香味。捞出姜丝和红椒丝。

4. 将炼好的油淋在芥蓝上，撒上枸杞装饰即可。

焯烫好的芥蓝捞出后，马上浸入凉水中，可以让芥蓝更爽脆。

烹调妙招

孩子巧动手

成菜后让孩子帮忙撒上枸杞，体会画龙点睛的乐趣。

——孩子少生病

Q 孩子脾胃虚弱都有哪些表现?

A 如果孩子的状况符合其中2条以上,说明他的脾胃功能较弱,需要调理了。

- 面部皮肤发黄,有斑点;
- 头发比较稀疏,颜色发黄;
- 身体消瘦,说话有气无力;
- 胃口差,不爱吃饭,只爱吃零食;
- 大便干燥,3~4天才排便一次;
- 手脚冰凉,不爱活动;
- 肚子总是胀胀的,不舒服。

Q 吃得太多,会不会伤脾胃?

A 俗话说:"少吃尝滋味,多吃伤脾胃。"孩子吃得太多、太饱,所带来的直接危害就是胃和肠道负担加重,消化不良。如果吃得太多,上顿还未消化,下顿又填满胃部,胃始终处于饱胀状态,胃黏膜得不到修复,容易导致胃部炎症,出现消化不良症状,长此以往,还可能发生胃溃疡、胃糜烂等疾病。

Q 吃生冷的食物会不会伤胃?

A 胃是喜温暖、厌寒凉的,生冷食物对孩子胃的伤害非常大,尤其在夏季,孩子如果吃过多冷饮、凉性的瓜果等,更容易伤胃,引起胃胀、胃痛、腹泻、呕吐等不良反应。

除了让孩子少吃生冷食物,家长还应关注天气变化,适时给孩子增加衣物,以免胃受凉。

Q 甜味食物可以增强孩子的脾动力吗?

A "甘味入脾"意思是说甜味的食物能增强脾动力。也许有的家长会疑惑:"孩子吃甜的东西太多了,对牙齿不好吧?"其实,"甘味入脾"并不意味着让孩子吃大量甜的东西,正确的做法是让孩子适当吃富含淀粉的食物。淀粉进入体内后,经过一系列反应会转化成糖分,给孩子的脾胃提供动力。一些富含淀粉的食物还含有较多的膳食纤维，有减缓淀粉消化速度、平稳血糖、促进肠道蠕动、保护肠道健康的作用。可以常吃的食物有燕麦、黑米、南瓜、栗子、扁豆、刀豆、红豆等。

Q 孩子的消化能力较弱，适宜吃什么样的食物？

A 孩子的消化能力较弱，给他准备的饭菜口味要清淡，杜绝油腻、辛辣的食物，像烧烤、油炸食品、肥肉、动物脑、肉皮之类的食物，要少给孩子吃。吃油腻、辛辣的食物，孩子的肠胃需要分泌更多的消化液来消化，这无形中增加了肠胃负担。当然，清淡并不是说要特别控制油脂和盐分的摄入。我的建议是，烹饪用油每人每天控制在10~15毫升，盐不超过5克就可以了。

此外，给孩子准备的食物一定要软硬适中，例如粥、发面馒头、面条之类都是容易消化的食物。也可以用小米、黑米搭配点儿红豆打成米糊，健脾补血又好消化吸收。其他蔬菜、肉蛋类在烹饪上也要注意在保留好营养成分的前提下，要烹饪得尽量软烂。过硬的食物会增加孩子肠胃的负担，让肠胃总是处在"工作状态"，时间久了肠胃就容易因过度"磨损"而生病。

金沙南瓜

○材料○

南瓜300克

咸蛋5个

低筋面粉50克

○调料○

植物油1大匙

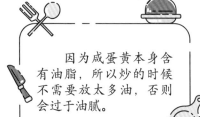

因为咸蛋黄本身含有油脂，所以炒的时候不需要放太多油，否则会过于油腻。

○做法○

1. 南瓜去皮，洗净，切条。

2. 咸蛋蒸熟，取蛋黄放入碗内，用汤匙压成泥。

3. 锅内入水烧开，放入南瓜条焯水，捞出沥干。

4. 平底锅入油烧热，放入南瓜炒至硬身，捞出。

5. 锅留底油烧热，放入咸蛋黄炒至起泡。

6. 将南瓜条薄薄地裹上一层面粉。

7. 将南瓜条放入锅内翻炒均匀，让其均匀地裹上咸蛋黄即可。

百合小米南瓜蒸饭

○材料○

小南瓜1个
小米100克
大米100克
红枣8个
百合10克

○做法○

1. 百合掰开，清洗干净；红枣洗干净，加清水泡几分钟。

2. 红枣去核。

3. 小米、大米均淘洗干净，倒入电饭锅中，加水煮成二米饭。

4. 把小南瓜清洗干净，切开顶部，掏空瓤，洗净。

5. 将二米饭盛出，加入红枣、百合拌匀。

6. 把拌好的米饭装入南瓜盅里，放入蒸锅隔水蒸20分钟就可以啦。

烹调妙招

南瓜不宜选用太大的，小一点、肉薄一点，更容易蒸熟。

孩子巧动手

去南瓜瓤的事情，可以让孩子来帮忙。注意动作要轻一点，不要把南瓜刮破了。

山药蜂蜜紫薯泥

难易程度 ★★☆☆☆
孩子参与度 ★★★☆☆

○材料○

紫薯2个
铁棍山药1根

○调料○

牛奶50毫升
淡奶油50克
蜂蜜1大匙
白糖10克

○做法○

1. 紫薯洗净，山药洗净，用微波炉烤熟，或是上锅蒸熟。

2. 紫薯去皮，加5克白糖、30毫升牛奶、30克淡奶油，放入搅拌机中，搅成泥。

3. 山药去皮，加5克白糖、20毫升牛奶、20克淡奶油，放入搅拌机中，搅成泥。

4. 把紫薯泥和山药泥分别装入裱花袋，先将山药泥挤进玻璃碗中，再将紫薯泥挤在山药泥上。

5. 浇上蜂蜜就可以啦。

用颜色鲜艳的蔬果丁或薄荷叶作装饰，很容易吸引孩子的眼球。

烹调妙招

孩子巧动手

　　可以结合孩子的喜好，将山药换成土豆，健脾养胃、润肠通便的效果也很好。可以让孩子把紫薯山药泥混合均匀，用模具做出各种造型，可爱讨喜。自己动手制作的食物孩子一定爱吃。

红薯羊羹

难易程度 ★★☆☆☆
孩子参与度 ★★★☆☆

○材料○

去皮红薯180克
琼脂4克

○调料○

蜂蜜10克
食用油少许

琼脂要加热至95℃时才能化开，化开后的液体温度降到大约40℃时开始凝固，因此琼脂常用来做羊羹、果冻类食品。

○做法○

1. 将琼脂浸泡15分钟，至琼脂涨发变软，捞出备用。

2. 红薯蒸熟去皮，切成薄片，加入清水100毫升，放入搅拌机内打成泥。

3. 琼脂放锅内，加清水50毫升熬煮1分钟，放入红薯泥和蜂蜜，加入90毫升清水。

4. 开小火加热，用锅铲搅拌，直至所有材料混合均匀。

5. 取一食品保鲜盒，在内壁刷一层薄油。

6. 将煮好的红薯泥倒入盒子里面，移至冰箱冷藏3小时以上，取出改刀即可装盘。

 孩子巧动手

冷冻好的羊羹可以让孩子自己用模具做出喜欢的造型，吃起来也一定会觉得更加美味。

五香鱼饼

难易程度 ★★★☆☆
孩子参与度 ★★☆☆☆

○ 材料 ○

白吐司2片
鸡蛋1个
土豆100克
三文鱼100克
葱花10克
红椒1个

○ 调料 ○

白兰地1小匙
盐1小匙
黑胡椒粉1/2小匙
五香粉1小匙
炒香的白芝麻10克
食用油1小匙

做鱼饼时先将拌匀的食材搓成球状，再按扁成饼。

烹调妙招

孩子巧动手

孩子可以帮忙一起搓球及按压鱼饼，为了保证卫生，可以戴一次性手套，也可以用保鲜膜。

○ 做法 ○

1. 将白吐司表皮剥除，剪成小块。红椒洗净，切圈。

2. 鸡蛋打散，放入吐司块浸泡5分钟，用筷子搅拌成糊状，使之变成团。

3. 土豆去皮，切成小块，蒸熟。略放凉后将土豆装入食品袋中，用擀面棍擀成泥。

4. 三文鱼切成小块，加白兰地和1/2小匙盐拌匀，腌制10分钟。

5. 油锅烧热，加入三文鱼丁炒至变色，盛出备用。

6. 搅拌好的吐司和土豆泥加葱花、1/2小匙盐、黑胡椒粉、五香粉、炒香的白芝麻一起搅拌成团。

7. 加入炒好的三文鱼丁，用手抓捏均匀，不要用筷子拌，以免鱼肉散开。

8. 将鱼肉团搓成球状，再按成饼状，在表面放上红椒圈装饰，放入煎锅小火煎至底部呈金黄色，再翻面煎至微上色即可。

——强壮身材吃出来

Q 孩子想长高应该怎么吃?

A 孩子要长身体,依赖于入口食物的质量和数量。孩子要长得高长得壮,不是吃得多就行,而是要吃得好,食物要多样化。各种营养素都要摄入,而且要均衡。

孩子每天的食物要多样化,每种食物的量不必多。主食可以是米饭、面条、馒头、粥、饼,配菜必须要有优质肉类、鱼、各种蔬菜,三餐之间可以用水果或小点心加餐。家长多动动手,使孩子的选择多一些,孩子的营养摄入也会更全面。

Q 要想孩子长高,就得多补钙吗?

A 孩子想要长高长壮需要充足的钙来帮助骨骼生长,但是如果仅是补钙,那是远远不够的。因为孩子长高长壮不仅仅需要钙,还需要多种营养素。

| 维生素D | → | 充足的维生素D能促进钙吸收,所以想让孩子长得高,钙和维生素D缺一不可。 |

| 多种微量元素 | → | 虽然人体对微量元素的需求量极少,但微量元素的作用却不小,尤其是锌元素作用更大,缺锌的孩子中 80% 的人会出现发育迟缓,这是由于缺锌造成孩子厌食,影响其生长发育。锌的摄入量应为每天11~15毫克。 |

| 蛋白质 | → | 蛋白质是生命的基础,成骨细胞的增殖以及肌肉和脏器的发育都离不开蛋白质。人体生长发育越快,越需要补充蛋白质。 |

咖喱炖牛腩

难易程度 ★★★★★
孩子参与度 ★☆☆☆☆

○材料○

牛腩1000克，白洋葱、番茄、土豆各1个，胡萝卜1根，大蒜3瓣

○调料○

色拉油1大匙，日式咖喱块240克

咖喱块一般都标明微辣、中辣、辣，给孩子吃可选择微辣的，用量也可适当减少。

○做法○

1. 番茄切块。洋葱切块。土豆、胡萝卜均切成2厘米见方的块。

2. 牛腩切4厘米见方的块。锅内烧开水，放入牛腩块汆烫至水开，捞出沥水。

3. 炒锅放入油烧热，下一半洋葱块炒至呈淡黄色，加入番茄块炒软。加入牛腩、蒜瓣及适量开水，水量要没过牛腩，大火煮开。连汤汁一起倒入电压力锅内，按下"排骨"功能键，炖至用筷子可轻松扎透牛腩。

4. 另起油锅烧热，下入剩余洋葱块炒至呈淡黄色，加土豆块和胡萝卜块翻炒3分钟。倒入炖好的牛腩和汤，加入咖喱块，中火烧开，改小火熬30分钟，至汤汁变得浓稠即可。

麻酱鸡丝海蜇

难易程度 ★★☆☆☆
孩子参与度 ★★★☆☆

○ 材料 ○

熟鸡脯肉200克
海蜇皮75克
黄瓜50克

○ 调料 ○

盐1/2小匙
白糖10克
芝麻酱1小匙
香油1/2小匙
清汤2小匙

将海蜇丝反复浸
泡可以去除其中的杂
质，使口感更爽脆。

烹调妙招

○ 做 法 ○

1. 熟鸡脯肉片成片，再
   切成丝。

2. 黄瓜洗净，剖成两半，
   去除瓜瓤，切成丝。

3. 黄瓜丝放入碗中，加
   少许盐拌匀。

4. 海蜇皮放入凉水中浸泡5小时左右，洗净，切成
   细丝，放入80℃热水中浸泡片刻，待海蜇丝卷
   缩时立即捞出，再放入凉开水中浸泡至涨发，
   捞出沥干。

5. 芝麻酱、清汤、盐、白
   糖、香油调成味汁。

6. 海蜇丝、鸡丝、黄瓜丝一同装盘，淋上味汁
   即成。

鸡蛋蒸豆腐

难易程度 ★☆☆☆☆
孩子参与度 ★★☆☆☆

◦材料◦

内酯豆腐1盒
鸡蛋2个
榨菜40克
猪肉馅100克
香葱1棵
大蒜2瓣

◦调料◦

盐1/2小匙
生抽1大匙
香油1小匙
食用油1小匙

蒸蛋的时候，大火5分钟，中火10分钟即可，时间不宜过长，以免鸡蛋蒸老。

烹调妙招

◦做法◦

1. 榨菜用清水浸泡10分钟，洗净后捞出切碎。香葱、大蒜分别切碎。

2. 炒锅烧热油，放猪肉馅、蒜蓉，小火炒至肉馅转白色，加榨菜碎、生抽、香油，炒匀后盛出备用。

3. 内酯豆腐先在盒底剪开个小口，再反过来撕开盒盖，完整地扣在盘子上，切成长方块。

4. 鸡蛋在碗内打散成蛋液，加入与蛋液等量的凉开水和1/2小匙盐，搅拌均匀。

5. 打散的蛋液淋入豆腐盘内。

6. 蒸锅烧开水，放上盛豆腐的盘子，加锅盖蒸10分钟。

7. 蒸好的豆腐表面撒上炒好的榨菜肉末，点缀葱花即可。

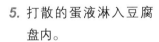

酸甜排骨

○材料○

排骨350克

○调料○

番茄酱1大匙

玉米淀粉1小匙

白糖1/2小匙

香醋1小匙

水淀粉1大匙

盐1小匙

色拉油3大匙

排骨腌制的时间不要太长，也不能炸得太干了。

烹调炒招

○做法○

1. 排骨洗净，斩成小块，加少许盐腌制15分钟，加入玉米淀粉，抓匀。

2. 在水淀粉中加入番茄酱、白糖、香醋、盐，调匀酱汁。

3. 锅内加油，烧热，放入排骨，大火炸至排骨表面呈金黄色时捞起，沥油。

4. 锅内留少量油，倒入酱汁搅匀，中火煮至酱汁浓稠。

5. 将炸好的排骨放入酱汁里，迅速翻炒至排骨均匀地裹上酱汁即可。

孩子巧动手

选排骨、炸排骨对孩子来说，难度都比较大，但是调酱料可以让孩子操作。可以让孩子加入自己喜欢的调料，只要不是"黑暗料理"就行！

清热去火 ——去除火气更健康

Q 孩子有肝火可以吃什么进行调理?

A 如果孩子眼角有眼屎,并且容易发脾气、脾气急、不听话,那说明孩子很可能有肝火。"上火"症状的出现,往往是身体出现一系列不适发出的信号,不要忽视这些信号,应给孩子吃一些降肝火的食物进行调理。

可以榨些芹菜汁给孩子喝或者用芹菜煮粥喝,也可以用生的嫩芹菜抹上花生酱蘸白糖给孩子吃,不一样的制作方式,可以让孩子产生新奇感,从而愿意去吃。还可以给孩子吃一些酸味食物,例如葡萄、火龙果、梨等,同时要注意作息时间,不能让孩子太晚睡觉。

Q 孩子有心火可以吃什么进行调理?

A 如果孩子舌头、舌边发红,说明有心火。有心火的孩子通常白天容易口渴,晚上爱折腾,睡觉也不安稳,睡不好觉。

- - - → 去心火的食物很多,比如夏天的鲜莲子,另外,茭白和茄子也可以降心火,最好是素炒、清蒸,不可过于油腻。

Q 孩子有脾火可以吃什么进行调理?

A 孩子嘴角有时有些白色的印记或者小小的白色水沫,这是口内干燥引起的,说明孩子有脾火。

- - - → 可以找一些柿饼上的柿霜给孩子冲水喝。要是孩子口舌生疮、舌苔发黄,那就有必要去医院看医生,对症下药。

Q 孩子有胃火可以吃什么进行调理？

A

如果孩子排便困难，且大便很硬，同时还有口臭，那说明孩子有胃火了。

- - - - →

孩子有胃火，要注意给孩子调理肠胃，控制进食，尤其是不要吃油腻且不易消化的食物。饮食宜清淡、易消化，可以喝点小米粥、绿豆百合粥等。

Q 预防上火应该给孩子吃什么？

A 少辛辣少油炸：辛辣、燥热、油炸的食物都是"火气"的源头，尽量不给孩子吃。

多喝水多吃水果：每天都要提醒孩子多喝水，饮水量不低于1500毫升/天。让孩子适当多吃含水量大的水果，西瓜、柚子、苹果、梨、火龙果等都是不错的选择；少吃荔枝、龙眼等性温热的水果。

多粗粮多纤维：让孩子多吃薏米、糙米、豆类等，它们富含纤维素，可预防因肠胃燥热引起的便秘。

多喝汤多喝粥：都说"汤汤水水最养人"，汤粥里水分多，而且容易消化，不用怕孩子积食。也可以适当给孩子喝一些菊花茶、酸梅汤、酸奶等，可以清热去火。

白灼上海青

难易程度 ★☆☆☆☆
孩子参与度 ★★☆☆☆

○材料○

上海青菜心200克
大蒜2瓣
生姜2片
新鲜红菜椒1/2个
枸杞5克

○调料○

盐1/2小匙
植物油1大匙
生抽2大匙

"上海青"也叫
小白菜或小油菜，做
这道菜时选用中间的
菜心做出来的菜品口
味最好。

烹调炒招

○做 法○

1. 大蒜切片，生姜切丝，红菜椒切丝。将少许盐、生抽放入碗内调匀，备用。

2. 锅内放入适量水、盐、一部分植物油，烧开后放入菜心焯烫30秒。

3. 捞出菜心，放入凉开水中过凉，用手挤干水分，摆盘。

4. 炒锅置火上放油，凉油放入姜丝、蒜片、红菜椒丝炒香。

5. 倒入事先调好的浇汁调料，小火烧开。

6. 菜心摆好盘，将烧好的调味汁淋在菜心上，用枸杞点缀即可。

苦瓜煎蛋

（难易程度） ★☆☆☆☆
（孩子参与度） ★★☆☆☆

○材料○

大鸡蛋2个，苦瓜80克

○调料○

盐1/2小匙，植物油1大匙

如果不想让孩子吃煎蛋，这道菜还可以换成苦瓜蒸蛋，将处理好的蛋液放锅中蒸熟即可。

烹调妙招

○做法○

1. 苦瓜用牙刷刷洗干净，对半切开，挖去瓤，瓜肉切很薄的片。

2. 苦瓜片加1/4小匙盐拌匀，静置腌制10分钟。

3. 用手抓捏苦瓜片，挤净水分，放入大碗中。

4. 加入2个鸡蛋打散，再加入1/4小匙盐调匀。

5. 锅烧热，加入植物油烧热，倒入蛋液，用筷子将苦瓜片在蛋液中摆匀。

6. 小火煎至表面呈微黄色、表层蛋液凝结，翻面再煎。

7. 继续用小火煎至表面呈金黄色，盛出。

8. 略放凉，切成自己喜欢的形状即可。

荸荠雪梨鸭汤

难易程度 ★☆☆☆☆
孩子参与度 ★★☆☆☆

○材料○

荸荠100克，鸭块250克，
雪梨2个

○调料○

盐1/4小匙

○做法○

1. 雪梨去皮，去核，切片。

2. 荸荠削去皮，切片。

3. 将雪梨、荸荠与鸭块放入锅中。

4. 加适量水同煮至熟，加盐调匀即可。

荸荠又称马蹄，有"地下雪梨"的美誉。但荸荠生长于地下沼泽或水田中，表皮多有细菌和寄生虫附着，不宜生食，烹调前一定要清洗干净。

烹调妙招

蜜汁烤鸭

难易程度 ★★★☆☆
孩子参与度 ★★☆☆☆

○材料○

鸭1/2只

○调料○

生抽40克，老抽10克，蚝油30克，糖35克，盐1/2小匙，番茄酱30克，蜂蜜1大匙

烤箱的功率不同，所需的烤制时间也不同，一般全程最少要烤60分钟鸭子才能熟。在每面烤最后10分钟的这段时间要多观察，以免将表皮烤焦。

烹调妙招

○做法○

1. 鸭肉治净。取一个大盆，放入生抽、老抽、蚝油、糖、盐、番茄酱，用手抓匀，倒入结实的塑料袋中。

2. 把鸭子放入袋中摇晃几下，让鸭身均匀裹满腌料，移入冰箱冷藏2天2夜。

3. 将腌好的鸭子放入沸水中汆烫2分钟，取出沥净水。

4. 将鸭子放在烤网上，用厨房纸擦干，烤盘上垫上锡纸。

5. 烤箱预热至220℃，鸭子放于中层烤网上，烤盘放于底层接油，开上火烤30分钟后翻面，改上下火再烤30分钟。

6. 取出鸭子，在表面刷上蜂蜜，回烤箱再烤10分钟即可。

预防肥胖 　　——不做小胖子，拥有好体质

Q 肥胖的孩子不"美"吗？

A 孩子小时候如果胖嘟嘟的，会让人觉得很可爱，但随着年龄的增长，"小胖墩"可就不是那么"美好"了。

肥胖会影响孩子身体和智力的发育。肥胖的孩子常有疲劳感，活动时容易气短或腿痛。严重肥胖的孩子由于脂肪过度堆积限制了胸腔扩展和膈肌运动，使肺换气量减少，可能造成缺氧、呼吸急促、红细胞增多、心脏扩大，严重的还会出现充血性心力衰竭。

Q 控制好孩子的饮食，就可以让孩子不长胖吗？

A 孩子出现肥胖问题通常与不良饮食习惯有关，比如爱吃甜食和油腻的食物，暴饮暴食，常吃零食，不爱吃蔬菜等。与成年性肥胖不同的是，儿童肥胖通过调整饮食，辅以适量运动，更容易将体重降至正常。

控制孩子的饮食并不等于不能吃肉，长期不吃肉会导致孩子免疫力降低，因为人体所需要的B族维生素、钙、铁、锌等多存在于各种肉食中。猪瘦肉中脂肪含量较低，可将瘦肉片搭配能消脂减肥的冬瓜、薏米，既补充营养还不容易长胖。

Q 肥胖的孩子怎么调理饮食？

A 如果孩子肥胖，那就更应该在饮食上进行控制、调节，以下给出几条饮食建议。

1. 根据孩子的年龄制订节食食谱，在保证孩子生长发育需要的前提下限制能量摄入，食物要多样化，确保蛋白质、维生素、矿物质、膳食纤维摄入充足。

2. 多吃粗粮、蔬菜等富含膳食纤维的食物，这些食物可以帮助孩子消化，减少废物在体内的堆积，预防肥胖。

3. 食物宜采用蒸、煮或凉拌的方式烹调。

4. 在为孩子烹调食物时，尽量少放盐。

5. 应减少糖的摄入，少吃糖果、甜点、饼干等甜食；少吃炸薯条等油炸食品；少吃高脂肪食品，特别是肥肉。

红薯玉米羹

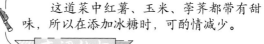

这道菜中红薯、玉米、荸荠都带有甜味，所以在添加冰糖时，可酌情减少。

烹调妙招

○材料○

红薯400克，生鲜甜玉米1根，荸荠4个

○调料○

冰糖10克

○做法○

1. 玉米洗净，取玉米粒。荸荠去皮，洗净，切成黄豆大小的碎块。

2. 红薯去皮，切成薄片，上锅蒸20分钟至熟，在碗内压成泥状。

3. 红薯泥加500毫升清水，在锅内搅匀煮开，加入玉米粒煮5分钟。

4. 再加入马蹄和冰糖，煮至冰糖化开即可。

焦熘豆腐

○材料○

卤水豆腐400克

胡萝卜1/2根

西蓝花1小朵

香菇2朵

生姜2片

大蒜2瓣

小葱1根

○调料○

盐1/2大匙

陈醋2大匙

生抽2大匙

玉米淀粉20克

水淀粉1大匙

植物油1大匙

白糖1小匙

将豆腐过盐水氽烫一下，是为了给豆腐去除豆腥味。

烹调炒招

○做法○

1. 所有材料洗净。香菇提前泡发。胡萝卜切成花形。西蓝花切成小朵。香菇切成小块。豆腐切成2.5厘米见方的小块。生姜、大蒜、葱白分别切碎。

2. 锅内加水，放入少许盐煮沸，放入豆腐块再次煮沸，捞起沥水。

3. 氽过豆腐的水中放入胡萝卜和西蓝花，氽烫1分钟后取出。烫过的蔬菜放入凉水中过凉。

4. 平底锅烧热，放入油加热，备用。大盘中倒入玉米淀粉，将豆腐拍上干淀粉，一边拍一边放入锅内煎。

5. 小火把豆腐四个面都煎至金黄色，盛出备用。

6. 把陈醋、白糖、生抽放入碗内调匀。

7. 锅内烧热油，放香菇块、姜、蒜、葱炒出香味。倒入调好的调料汁，大火烧开，加入水淀粉勾芡，烧至酱汁起大泡泡，倒入豆腐和所有沥净水的蔬菜，翻炒至都挂上酱汁即可。

啫啫滑鸡煲

难易程度 ★★★★★
孩子参与度 ★☆☆☆☆

○ 材料 ○

嫩仔鸡1/2只
红葱头150克
蛋清1/4个
大蒜8瓣
生姜8片
青椒1/2个
红椒1/2个

○ 调料 ○

白糖1/2小匙
植物油2大匙
黑胡椒粉1/4小匙
海天海鲜酱1.5大匙
豆豉5克
蚝油1大匙
料酒1大匙
盐1/4小匙
玉米淀粉1/4小匙

挑选仔鸡时，购买脚掌皮薄、无僵硬的，这类仔鸡肉质较嫩。

烹调妙招

○ 做法 ○

1. 鸡洗净，切小块。红葱头去皮。大蒜去皮拍碎。青椒和红椒均去蒂、籽，切菱形块。

2. 鸡块中依次加入盐、料酒、玉米淀粉拌匀，最后加入蛋清拌匀。豆豉剁碎。

3. 将海鲜酱、蚝油、白糖、黑胡椒粉放入碗内，加清水2大匙调匀成味汁。

4. 炒锅内放部分油烧热，放入鸡块滑炒至变色，盛出备用。

5. 炒锅中留少许底油，下豆豉煸香，倒入调好的味汁烧至起泡。加入炒好的鸡块，翻炒至均匀裹上酱汁。

6. 砂锅内加少许油烧热，放入姜片、大蒜、青椒、红椒、红葱头，炒出香味。倒入炒好的鸡块，盖上砂锅盖，烧2分钟后即可。

肉碎西蓝花

○材料○

猪肉馅100克
西蓝花100克
胡萝卜50克

○调料○

盐1/2小匙
生抽1小匙
玉米淀粉1小匙
色拉油1小匙

○做 法○

1. 将西蓝花掰成小朵。胡萝卜削皮，切成小粒。

2. 开水锅里放入西蓝花、胡萝卜粒，煮10分钟。

3. 猪肉馅加盐、生抽、玉米淀粉拌匀，腌制10分钟。

4. 煮软的西蓝花及胡萝卜粒捞起沥净水，放入盘内。

5. 起油锅烧热，放入猪肉馅小火翻炒至变色熟透，起锅铺在西蓝花上即可。

猪肉馅最好选用瘦肉多、肥肉少的，更适宜肥胖的小朋友食用。

烹调妙招

孩子巧动手

清洗西蓝花时，应把西蓝花一小朵一小朵掰下，放在流水下冲洗，再放在淡盐水中浸泡10分钟。这个过程可以让孩子参与。

西蓝花拌鲜鱿

难易程度 ★★☆☆☆
孩子参与度 ★★☆☆☆

鱿鱼放入开水中烫制时间不能过长，否则会变硬而咬不动。时间以不超过3分钟为宜。

烹调妙招

○ **材料** ○

新鲜鱿鱼1只，西蓝花1小朵，大蒜2瓣，盐1/4小匙，生姜2片，香葱2根，红椒1/4个

○ **调料** ○

盐1小匙，生抽1.5大匙，白砂糖1小匙，白胡椒粉1/8小匙，植物油1/2大匙，香油1/2大匙，料酒1大匙，花椒油1小匙

○ **做法** ○

1. 西蓝花切小朵。姜、蒜、葱、红椒分别切碎。生抽、白砂糖、白胡椒粉、一半香油、花椒油放碗内，加1大匙清水调匀即成味汁。

2. 鱿鱼处理干净，打花刀，切片。鱿鱼尾切片，须切成段。鱿鱼加盐（1/8小匙）、少量姜、少量葱、料酒抓匀，腌10分钟去腥。

3. 锅内放一锅水，烧开后加入西蓝花，焯烫2分钟后捞出沥水。鱿鱼放入开水中烫至卷起，捞出沥水。将西蓝花摆在盘边，中间摆上鱿鱼。

4. 炒锅内烧热剩下的植物油和香油，加入葱、姜、蒜、红椒炒出香味，加入剩余的盐，倒入调好的味汁小火烧开，趁热淋在鱿鱼上即可。

——吃饭香，身体棒

Q 固齿护牙应该怎么吃？

A 小学时期正是换乳牙的关键时期，保护好牙齿非常重要。如何安排饮食才能更好地固齿护牙呢？给家长以下几个建议。

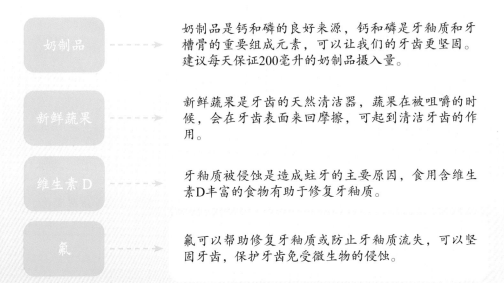

奶制品 - - - → 奶制品是钙和磷的良好来源，钙和磷是牙釉质和牙槽骨的重要组成元素，可以让我们的牙齿更坚固。建议每天保证200毫升的奶制品摄入量。

新鲜蔬果 - - - → 新鲜蔬果是牙齿的天然清洁器，蔬果在被咀嚼的时候，会在牙齿表面来回摩擦，可起到清洁牙齿的作用。

维生素D - - - → 牙釉质被侵蚀是造成蛀牙的主要原因，食用含维生素D丰富的食物有助于修复牙釉质。

氟 - - - → 氟可以帮助修复牙釉质或防止牙釉质流失，可以坚固牙齿，保护牙齿免受微生物的侵蚀。

Q 吃零食会损坏牙齿吗？

A 孩子都喜欢吃零食，但是摄入零食会增加患龋齿的风险。这是因为大多数零食，例如糖果、饮料、面包、糕点等都含有糖，糖可以转化为酸，破坏牙齿表面的牙釉质。还有一部分零食，例如水果、果汁等本身就是酸性的。因此，一方面要注意让孩子少吃零食；另一方面，吃完食物后，要让孩子刷牙或漱口，以保护牙齿。

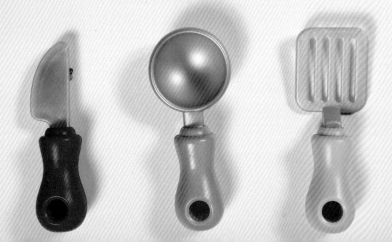

清炒三丝

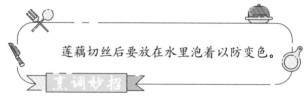

莲藕切丝后要放在水里泡着以防变色。

烹调妙招

○ **材料** ○

鲜藕250克，胡萝卜50克，芹菜30克

○ **调料** ○

盐 1/3小匙，植物油1小匙

○ **做法** ○

1. 鲜藕、胡萝卜均去皮洗净，切成丝；芹菜择洗干净，切段。

2. 锅入油烧热，放入藕丝翻炒约1分钟。

3. 再放入胡萝卜丝、芹菜段，调入盐，迅速翻炒至断生即可。

孩子巧动手

洗菜的事情可以让孩子去做，芹菜最好用流水清洗。

白菜海米粉丝煲

难易程度 ★☆☆☆☆
孩子参与度 ★★☆☆☆

○材料○

大白菜8片，绿豆粉丝1把（约50克），海米10粒，猪肉80克，姜蓉5克，蒜蓉10克

○调料○

盐1/4小匙，白砂糖1/2小匙，植物油1大匙

○做法○

1. 大白菜洗净。猪肉切成末。海米用温水浸泡至软。绿豆粉丝用冷水泡软。大蒜剁成蓉。

2. 将大白菜分开菜帮及菜叶部分，分别切成块。

3. 炒锅放入油，冷油放入姜蓉、蒜蓉，中小火炒至出香味，加入猪肉末，用小火煸炒至猪肉颜色转白。

4. 加入大白菜帮及少许盐，再加入少许水或高汤，盖上锅盖焖煮约3分钟。

5. 接着加入大白菜叶、海米、盐、白砂糖，煮至菜叶变软后加入泡软的绿豆粉丝。加盖再焖煮2分钟，待粉丝吸收汤汁后即可。

粉丝通常用冷水泡软即可，如果时间太短也可以用温水浸泡。粉丝下锅煮制时间不宜过长，吸收了汤汁即可盛盘。

烹调妙招

凉拌干丝

○材料○

干丝1把
黄瓜1/2根
胡萝卜1/2根
蒜2瓣

○调料○

盐1/2小匙
陈醋1/2小匙
白糖1小匙
生抽1小匙
香油1小匙

○做法○

1. 将干丝洗净，切成段。

2. 胡萝卜、黄瓜均切成丝，大蒜去皮剁成蓉。

3. 将干丝、黄瓜丝、胡萝卜丝、蒜蓉放入碗内，加入所有调料拌匀，腌制10分钟即可食用。

夏季天气炎热，豆制品很容易变质，干丝最好现买现吃。

孩子巧动手

孩子可以帮忙浸泡干丝，注意浸泡时间不要太长，否则干丝会被泡烂了。

鱼香茄子煲

难易程度 ★★★☆☆
孩子参与度 ★★☆☆☆

烹调妙招

茄条在炸之前加一点水淀粉，炸的时候不容易吸油，可以减少这道菜的含油量。

○ 材料 ○

茄子2个，猪肉馅100克，香葱2根，泡红椒2个，姜1块，蒜2瓣

○ 调料 ○

生抽、老抽各1小匙，香醋1小匙，白糖1/2小匙，郫县红油豆瓣酱10克，色拉油3大匙，料酒1/2大匙，高汤1大匙，水淀粉1/2大匙

○ 做法 ○

1. 茄子洗净，带皮切成长条；香葱切碎，泡红椒切小圈；姜切末，蒜切末。猪肉馅用料酒腌制片刻。

2. 将生抽、老抽、香醋、白糖、泡红椒放入碗内调匀，做成鱼香汁。

3. 锅入油烧热，放入茄条，炸至变软，捞出沥油；底油烧热，放入姜末、蒜末爆香。

4. 放入红油豆瓣酱、腌好的猪肉馅，炒散后加入茄条、鱼香汁、高汤，大火煮至水分即将收干，倒入水淀粉，撒香葱碎即可。

L'il Critters

小熊心语：

　　早餐可能是三餐中最容易被"耽误"的：起床晚了，来不及了，不知道吃什么好，太麻烦了，自己到外面随便吃点吧……如果孩子吃不到营养又可口的早餐，上午所需的能量也就只能向头一天"借"，或是低效率地耗着，严重影响一天的学习效果。

　　家长和孩子都要做到早睡早起，家长早上起来多花一点儿心思，多费一点儿工夫，给孩子烹制营养又可口的早餐，让孩子活力满满地去上学，能精力充沛地进行学习。

——花样早餐，为身体补充大能量

Q 吃早餐很重要吗？

A 早餐吃还是不吃？下面有一个对比图表，答案一目了然。

吃早餐		不吃早餐	
保证能量供应	早餐可提供给我们一天活动所需的1/4的能量	营养不足	如果早餐摄入的营养不足，长此以往会造成营养缺乏症，如营养不良、缺铁性贫血等
保证上午的学习效率	早餐提供的营养能满足大脑对血糖供给的需求，保证上午的学习效率	影响记忆力	早晨如不进餐，大脑缺少葡萄糖，会因为低血糖引起记忆力减退
提高人体免疫力	早餐营养充足，能为我们身体提供足够的蛋白质，有助于提高免疫力，从而帮助机体免受各种疾病的困扰	引起胃部不适	不吃早餐，胃里空空的，胃酸就会因为没有食物中和而刺激胃黏膜，导致胃部不适，久而久之容易引起胃炎、消化性溃疡等疾病
带来好心情	在一个轻松的氛围里吃丰盛可口的早餐，能让孩子有个好心情迎接全新的一天	导致低血糖	不吃早餐，葡萄糖供应不足，会使血糖浓度持续下降，出现面色苍白、四肢无力、精神不振的现象，容易引发低血糖甚至昏厥休克

Q 什么时候吃早餐最好？

A 一般来说，起床后20~30分钟吃早餐最合适，因为这时人的食欲最旺盛。另外，早餐与午餐以间隔4~5小时为好。孩子们在学校一般是在十一点半后吃午餐，在家一般也是在十二点左右吃午餐，所以孩子最好能在早上七点左右吃早餐。

如果吃早餐的时间过早，那么早餐量应该相应增加或者将午餐时间相应提前。

Q 吃早餐有哪些注意事项？

A 1. 起床即吃早餐容易引起消化不良，一般在起床20~30分钟后再吃最好；

2. 有早起习惯的人，早餐也要尽量早一点；

3. 早餐不宜吃得太快，以免损伤消化系统；

4. 早餐也要定时定点，否则会影响消化吸收；

5. 早餐和午餐之间的点心，并不能代替早餐，不吃早餐而只等加餐是不合理的；

6. 家长做出表率很重要，只有家长带头吃营养健康的早餐，才能帮助孩子养成良好的早餐习惯。

蛋包饭

○ **材 料** ○

鸡蛋3个

剩米饭2碗

虾仁10个

胡萝卜1/4根

豌豆100克

甜玉米仁100克

腊肠或火腿1根

紫洋葱1/4个

○ **调 料** ○

盐1/2小匙

生抽1大匙

料酒1小匙

玉米淀粉1/2大匙

番茄沙司1/2大匙

植物油1大匙

留下约1小匙蛋液不要摊蛋皮，在蛋皮对折收口时涂在边沿，把收口处粘住，摆盘更漂亮。

烹调妙招

○ **做 法** ○

1. 虾仁背部划一刀，去虾线，洗净。腊肠、洋葱、胡萝卜分别切小丁。

2. 取2个鸡蛋打散成蛋液。玉米淀粉加1大匙水调匀，倒入蛋液中搅匀。

3. 虾仁加少许盐、料酒拌匀，腌制5分钟。再放入油锅中炒至变色后盛出。

4. 将腊肠丁用小火炒至脂肪变得透明，盛出。剩下的油中放入洋葱、胡萝卜、玉米、豌豆，加入少许盐，炒熟后盛出。

5. 剩余1个鸡蛋打散成蛋液，倒入锅内，用小火炒散。再倒入剩米饭，用中火炒散。

6. 加入盐、生抽及炒好的所有材料，用中火翻炒至米饭中水分收干、颗粒分明。

7. 平底锅烧热，锅底涂少许油，熄火，倒上加水淀粉搅匀的蛋液（剩少许不要倒完）。将蛋液烘至成型但未全干，在一侧放上炒好的米饭。

8. 用筷子将蛋皮掀起，双手提起蛋皮将炒饭盖住，用小火将蛋液烘至全干后装盘，在表面挤上番茄沙司即可。

蒜香肉松面包

○材料○

厚片吐司2片
肉松75克
黄油40克
大蒜15克

○调料○

细砂糖1/2小匙
盐1/4小匙
沙拉酱30克

将黄油提前从冰箱中取出，在室温下软化至用手指能轻松压出手印，切小块，可方便制作。

烹调妙招

○做法○

1. 大蒜用蒜泥器压成泥，放盆中，加入软化的黄油，再加入细砂糖和盐拌匀即为蒜香奶油酱。

2. 用锯齿刀将厚片吐司对切开。在吐司中间部位切一道口子，注意不要切断。

3. 沙拉酱装入裱花袋中，挤在吐司片刀口中。

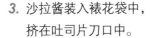

4. 用筷子夹肉松，塞在沙拉酱上。

5. 把面包块排放在烤盘上，用刮刀将蒜香奶油酱抹在面包表面，再挤上沙拉酱作为装饰。

6. 烤盘放入预热的烤箱中层，以180℃上下火烤10分钟，取出放凉即可。

可爱薯泥猪包子 + 三文鱼肉蔬菜汤

难易程度 ★★★☆☆
孩子参与度 ★★☆☆☆

🥄 可爱薯泥猪包子 🍴

○材料○

中筋面粉240克
干酵母2克
牛奶100毫升
可可粉40克
红薯泥120克

○调料○

白糖或木糖醇15克
草莓酱20克

○做法○

1. 按照"牛奶→白糖→中筋面粉（200克）→干酵母"的顺序将材料放入盆中，揉成面团。

2. 发酵45分钟左右，切成每份45克左右的小剂子，揉圆。

3. 把小剂子压扁，每个剂子中间放20克左右红薯泥，对折收口，放入小猪脸形状的模具中。

4. 把可可粉、草莓酱混合均匀，涂抹在小猪的耳朵和鼻子处。

5. 把处理好的小猪包子醒30分钟至1小时，冷水上蒸锅，用中火蒸20分钟左右就可以了。

冷水上蒸锅可以更好地让包子成形，包子蒸好后，闷2~5分钟再出锅。

烹调妙招

🥄 三文鱼肉蔬菜汤 🍴

○材料○

三文鱼200克，鳕鱼100克，小土豆1个，胡萝卜1/2根

○调料○

植物油5克，淡奶油10~15克，盐、白胡椒粉各1/2小匙

○做法○

1. 三文鱼、鳕鱼分别洗净，切方块；土豆洗净，去皮，切薄片；胡萝卜洗净，擦细丝。

2. 胡萝卜丝、土豆片均煮熟、压碎，放入淡奶油、植物油再煮5分钟，加鱼块和其他调味料，调匀即可。

土豆片、胡萝卜丝煮熟后捞出，用黄油煎一下，再加煮土豆胡萝卜的水，汤会更香浓。

烹调妙招

133

什锦烩火烧

难易程度 ★★★★★
孩子参与度 ★★☆☆☆

○材料○

硬面火烧1个（约200克）

小番茄3个

冬瓜250克

水发木耳50克

鸡蛋2个

带肉棒骨200克

香菜末10克

葱花10克

面粉少许

○调料○

盐1小匙

香油1小匙

如果想让火烧有
嚼劲，可以关火后再
陆续往汤里放。

烹调妙招

○做法○

1. 带肉棒骨洗净，放入足量清水炖1小时左右，取
   1000克骨汤和棒骨肉备用；火烧切成均匀的小块。

2. 火烧块放在沥水容器里，用手接少许水洒在火
   烧块上，边洒边轻颠容器，使火烧均匀沾水。
   火烧块上再撒些许面粉，颠匀。最后放在案板
   上晾干备用。

3. 鸡蛋打成蛋液，取长
   方形碗，碗壁抹些香
   油，将蛋液倒入，上
   锅蒸成蛋羹。取出蒸
   好的蛋羹，用小刀划
   小方格；木耳泡发，撕成小朵，洗净沥水；冬
   瓜去皮、瓤，洗净，切片；小番茄洗净去皮，
   切成小块，撒上葱花。

4. 锅置火上，取一大碗
   骨汤，去掉汤表面的
   油，从棒骨上拆下一
   部分肉撕碎，放入汤
   中，再加入番茄块、
   木耳和葱花。

5. 大火煮沸后改小火煮
   5~10分钟，下冬瓜片
   再煮5分钟，倒入蛋羹
   块、盐煮沸。

6. 随后倒入火烧块，马上关火，加入香菜末和香
   油搅拌均匀即可。

香煎鱼薯饼

○ 材料 ○

龙利鱼肉250克

土豆（中等大小）1个

胡萝卜1/3个

柠檬1/2个

面包屑30克

蛋清1/2个

○ 调料 ○

盐1/2小匙

胡椒粉1/4小匙

黑胡椒碎适量

橄榄油1大匙

番茄酱或甜辣酱适量

面包屑可以将面包
烤干后自己制作，也可
在商场、超市内买到。

烹调妙招

○ 做法 ○

1. 将龙利鱼肉切块，加入盐、胡椒粉抓匀，挤上柠檬汁腌渍入味。

2. 土豆去皮后蒸熟，捣成土豆泥，待用。

3. 将鱼肉开水上屉，蒸5~8分钟至熟。

4. 将鱼肉拆碎，胡萝卜切末，一同盛入碗中，再加盐、黑胡椒碎、蛋清和面包屑。

5. 所有食材搅拌均匀。

6. 将食材团成球，压成饼状，在两面均蘸上面包屑。锅中倒入橄榄油，将鱼薯饼放到锅中煎制。

7. 待煎至两面金黄、焦香上色后盛出，配番茄酱或甜辣酱食用即可。

香肠葱花千层蒸糕

○ **材料** ○

面粉350克

玉米面80克

黄豆面40克

酵母粉4克

大葱50克

胡萝卜1/2根

香肠1根

○ **调料** ○

盐1/2小匙

色拉油1大匙

○ **做法** ○

1. 大葱、胡萝卜均洗净，切末，各用一半量的盐拌匀；香肠切末；酵母粉放入280克水中，混匀成酵母水。

2. 将面粉、玉米面、黄豆面混合均匀，倒入酵母水拌匀，揉成面团，加盖发酵至原体积2倍大。

3. 发酵好的面团排气，搓成长条，分割成6个大小一致的剂子，搓圆，擀成面饼。

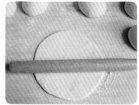

4. 面饼放到刷过油的篦子上，在面饼的表面刷一层油，撒一层葱末，再叠放一张饼。

5. 在第二张饼上刷油，撒一层胡萝卜末；同样的办法做好其他面饼。

6. 做好的千层饼生坯盖湿布醒发20分钟，放入蒸锅大火烧开，转小火蒸20分钟。

7. 关火2分钟后再开盖，表面再撒一些葱末、胡萝卜末、香肠末，再开大火蒸3分钟即可取出，晾凉以后切块食用。

每张饼都要擀得大小、薄厚一致，叠放要整齐。

烹调妙招

彩蔬鸡汤猫耳面

难易程度 ★★★★☆
孩子参与度 ★★☆☆☆

○材料○

面粉150克
鸡蛋1个
小葱1根
五花肉30克
胡萝卜1/3根
洋葱1/4个
西芹1根
香菇2朵
鸡汤400毫升

○调料○

味极鲜酱油1小匙
盐1/2小匙
香油1小匙
色拉油1大匙

如果没有鸡汤，就直接用清水吧，有香菇、芹菜等蔬菜，汤的营养和味道都不会差的。

烹调妙招

○做法○

1. 将面粉、鸡蛋和30克水倒入盆中，搅拌成雪花状。

2. 揉成面团，发酵30分钟，再次揉匀至光滑。

3. 将面团擀成薄面饼，切成1.5厘米宽的长条状。

4. 切成长方形的小面片。

5. 取寿司帘，将小面片分别斜向搓成猫耳面。

6. 将五花肉切片，所有蔬菜切丁，小葱切小段。

7. 将猫耳面煮至熟透。

8. 另起锅入油，放入五花肉片煸炒至出油，放入小葱段。

9. 依次放入洋葱丁、胡萝卜丁、西芹丁和香菇丁，加酱油翻炒均匀。

10. 倒入鸡汤，将煮透的猫耳面捞入，烧开，加入盐和香油调味，即可。

芹菜虾仁馄饨

难易程度 ★★★★☆
孩子参与度 ★★★☆☆

○ 材料 ○

面粉300克

菠菜汁150克

猪肉馅、鲜虾各100克

芹菜150克

紫菜、虾皮各5克

香菜碎5克

葱末、姜末、榨菜末各1小匙

○ 调料 ○

料酒、生抽、味极鲜酱油各1小匙

香油1/2小匙

胡椒粉1/4小匙

淀粉1/2小匙

盐1小匙

如有鸡汤或高汤，可将其煮开来冲馄饨的小料，味道更鲜美。

烹调妙招

○ 做法 ○

1. 面粉中加盐、菠菜汁，揉成光滑偏硬的面团，表面撒淀粉，擀成薄面皮，切成大小一致的片。

2. 鲜虾去壳，取虾仁，去虾线，剁碎，和猪肉馅混合，加入葱末、姜末、料酒、生抽搅匀。

3. 芹菜切细粒，倒入猪肉馅中，调入盐和香油，拌成馅料。

4. 取一张馄饨皮，靠下方放上馅料，折起，再折一次，捏住两端，将上边留出的皮下翻，将两个角向下窝，捏住，即成馄饨，依法将馄饨全部包好。

5. 锅里烧开足量水，放入馄饨煮开，浇一小碗凉水，再煮开，煮至馄饨全部鼓胀、浮起。

6. 碗中放入紫菜、虾皮、香菜碎、榨菜末、胡椒粉、盐、香油，倒入煮馄饨的沸汤冲开，捞入煮好的馄饨，即可。

南瓜发糕

难易程度 ★★★☆☆
孩子参与度 ★★☆☆☆

○材料○

去皮老南瓜300克
普通面粉220克

○调料○

白糖15克
葡萄干25克
酵母粉3克
清水80毫升

○做法○

1. 将老南瓜去瓤，切成小块，放入微波专用玻璃碗中，盖上碗盖，微波大火加热10分钟至南瓜变得软烂（也可入蒸锅中蒸熟）。

2. 趁热加入白糖，用器具将南瓜捣烂成泥状，放凉。

3. 葡萄干用温水浸泡至软。酵母粉加清水化开。

4. 放凉的南瓜泥加入面粉及酵母水。用铲子将其混合均匀，做好的面糊应比较湿软。

5. 取模具，用刷子刷一层油，将混合好的面糊倒入模具中，表面盖上保鲜膜，静置发酵至体积变为2倍大。

6. 发酵好的面糊表面按入葡萄干。

7. 蒸锅内注入凉水，放面糊的模具放于蒸屉上，中火烧开后转小火蒸25分钟，熄火后再闷5分钟，扣出来，切块食用。

如果想让发面效果更好，可以加适量泡打粉或小苏打。

烹调妙招

144

豆沙春卷 ✚ 奶香玉米羹

难易程度 ★★★☆☆
孩子参与度 ★★☆☆☆

🥄 豆沙春卷 🍴

○**材料**○

春卷皮250克
红豆沙100克

○**调料**○

色拉油1小匙
湿淀粉1大匙

○**做法**○

1. 取春卷皮1/3处放红豆沙，从靠近红豆沙的一边开始轻轻卷起，把两头的春卷皮向中间折，封住两端的开口，再在封口处抹一些湿淀粉粘牢。

2. 把春卷皮全部卷好。

3. 平底锅里放油，加热后放入春卷煎至两面金黄，即可。

🥄 奶香玉米羹 🍴

○**材料**○

玉米1根，鸡蛋2个，牛奶200毫升，
火腿肠50克

○**调料**○

白糖20克，水淀粉1大匙

○**做法**○

1. 玉米洗净，取玉米粒；火腿肠切粒。

2. 把玉米粒放进料理机里，倒入牛奶，打碎。

3. 鸡蛋磕入碗里，搅打成蛋液。

4. 锅里加水煮开，倒入打好的牛奶玉米，中火煮沸后转小火煮至黏稠，加入火腿肠粒烧开，加白糖、水淀粉搅拌。

5. 慢慢地淋入鸡蛋液，搅匀即可。

取玉米粒可以用手剥，也可以用刀切，用刀切时最好在下方放一个盆，以免玉米汁溅出。

烹调妙招

春卷皮自己制作太麻烦，在超市或者菜市场买现成的就可以。

瓜丝虾仁软饼套餐

材料

鸡蛋2个

面粉70克

吊瓜200克

熟虾10只

巧克力25克

牛奶250克

桃子2个

调料

酵母4克

盐1/2小匙

胡椒粉1/4小匙

植物油1小匙

番茄沙司1大匙

巧克力中加入热牛奶，刚开始一定要少量多次地加，搅匀后再加下一次，这样才能搅出细滑的巧克力奶。

烹调妙招

做法

1. 鸡蛋磕入盆里，加入酵母，搅打均匀，加入面粉，搅匀，加盖后放入冰箱冷藏一夜。（头天晚上准备即可）

2. 吊瓜洗净，去皮，擦成细丝，放入蛋糊中，加盐和胡椒粉，拌匀。

3. 虾剥去壳，去虾线。

4. 平底锅加入适量油烧热，取少量蛋糊，放入锅里摊成圆形，待表面半凝固时放上虾仁，稍加按压使其粘牢。

5. 盖上锅盖略煎，轻轻翻面，再略煎，至两面金黄上色即可，依次煎好其他软饼。

6. 牛奶倒入奶锅中加热，巧克力掰成小块，放入杯中，少量多次加入热牛奶，搅成细腻的巧克力奶。

7. 桃子洗净，去皮，切块。软饼盛盘中，蘸番茄沙司一起食用，即可。

薄饼鸡肉卷 + 热豆浆

🥄 薄饼鸡肉卷 🍴

○ **材料** ○

薄饼2张
生鸡胸肉100克
生菜5片
番茄1个
黄瓜1/2 根

○ **调料** ○

盐1/2 小匙
色拉油1小匙
玉米淀粉1大匙

○ **做法** ○

1. 将生鸡胸肉切成厚片，加入盐、玉米淀粉、水，搅拌均匀，腌15分钟。

2. 将生菜、番茄、黄瓜分别切成条。

3. 将薄饼放入微波炉中加热30秒。

4. 油锅烧热，放入腌好的鸡肉片炒熟，出锅。

5. 将加热后的薄饼打开，依次放入炒鸡肉片、生菜条、番茄条、黄瓜条，用薄饼卷紧，即可。

如果自己制作薄饼，可以一次性多做几张，放在冰箱里冷冻起来，吃的时候直接加热，非常方便。

烹调妙招

🥄 热豆浆 🍴

○ **材料** ○

黄豆50克，黑豆50克

○ **做法** ○

将提前一天泡好的豆子放入豆浆机中打成豆浆，煮熟，即可。

黄豆和黑豆均需提前一天泡好。豆浆最好喝新鲜的，不要一次做得太多。

烹调妙招

口袋面包

难易程度 ★★★★☆
孩子参与度 ★☆☆☆☆

○ **材料** ○

面包粉（或高筋面粉）200克
培根10片
生菜10片

○ **调料** ○

细砂糖12克
盐2克
酵母粉2克
清水130克
沙拉酱30克
色拉油1小匙

擀制面团过程中,如果出现擀不开、面团回缩的现象,说明松弛时间不够,应继续静置松弛片刻。

烹调妙招

○ **做 法** ○

1. 将酵母粉放入盆中,加入清水,搅拌至酵母粉化开,加入面包粉、细砂糖、盐,和面,将面团揉至完全扩展阶段。

2. 盆内壁涂抹一薄层色拉油,放入面团,盖上保鲜膜,置于室温下（约28℃）发酵60分钟,至面团膨胀为原体积2倍大即可。

3. 将面团分割成5等份,分别滚圆,盖上保鲜膜松弛15分钟。

4. 取一份面团,用手按扁,用擀面棍将面团擀成长20厘米的长条状。

5. 将擀好的面团摆放在烤盘中,互相之间要留出适当的空隙,盖上保鲜膜静置松弛30分钟。

6. 烤盘放入预热好的烤箱中层,以180℃上下火烤12分钟。

7. 烤好的面包会膨胀鼓起,像充了气一样。用利刀将面包从中间对半切开。

8. 平底锅烧热,放入对半切开的培根片,小火煎至两面微黄,取出。

9. 将煎好的培根片、洗净的生菜塞入口袋面包中,挤入适量沙拉酱即可。

素三鲜包 + 糯米红豆粥

🥄 素三鲜包 🍴

○ **材料** ○

面粉150克

鲜香菇100克

水发黑木耳100克

鸡蛋3个

葱2段

酵母4克

○ **调料** ○

盐1/2小匙

十三香5克

花椒油1/2小匙

食用油1大匙

○ **做法** ○

1. 黑木耳洗净，切碎；鸡蛋炒熟，切碎；葱切葱花。

2. 鲜香菇洗净，焯熟，切丁；香菇丁、鸡蛋碎中加入十三香、花椒油、盐搅拌，再加黑木耳、葱花拌匀，制成馅。

3. 面粉加入温水（面粉和水的比例为2：1）和酵母，和成面团，静置发酵备用。

4. 发酵面团分成剂子，擀皮，包馅，做成包子。

5. 包子放蒸锅上汽后大火蒸15分钟，关火闷5分钟左右，即可。

🥄 糯米红豆粥 🍴

○ **材料** ○

糯米50克，红豆50克

○ **做法** ○

锅中加清水烧开，放入糯米、红豆，熬成米粥即可。

为了提高效率，让红豆能快速煮熟，可以提前一晚将红豆洗净，加水浸泡一晚。

烹调炒招

烹调炒招

鸡蛋提前炒熟，切碎，放凉后再拌入馅中，口感更好。

155

糯米烧卖 + 二豆浆

○ 材料 ○

面粉200克

糯米200克

鸡全腿1只

香菇120克

胡萝卜100克

洋葱80克

黄豆1/2杯

绿豆1/2杯

○ 调料 ○

姜末10克

料酒2小匙

生抽1大匙

老抽1/2小匙

蚝油1大匙

植物油1大匙

○ 做法 ○

1. 糯米洗净，用清水浸泡12小时后，倒掉水，上锅大火蒸30分钟。

2. 面粉中加入140克80~90℃的水，揉成面团。

3. 洋葱、胡萝卜、香菇、鸡腿肉分别洗净，切成小丁；炒锅热油，放入洋葱小火炒香，加入姜末炒香，倒入鸡肉丁大火炒至变色，淋入料酒，炒匀。

4. 倒入香菇、胡萝卜丁炒匀，调入生抽、老抽、蚝油，小火炒匀。

5. 倒入糯米饭，炒匀成馅。

6. 取面团制成小剂子，擀成面皮，放上馅料，收拢，用手的虎口处将上端稍微攥紧。

7. 取一个大平盘，刷上油，放上烧卖，开水上屉蒸10分钟。

8. 将泡发好的黄豆和绿豆洗净后放入豆浆机中打成豆浆即可。

炒烧卖馅的时候建议用不粘锅来炒，既省油又方便。

烹调妙招

煎饼果子 + 牛奶

难易程度 ★★★★☆
孩子参与度 ★☆☆☆☆

○ 材料 ○

绿豆60克
小米20克
生菜15克
火腿2根
油条1/2根
小葱10克
鸡蛋2~3个（此量约
可做5张饼）
牛奶250毫升

○ 调料 ○

甜面酱1小匙
腐乳1/4块

如果嫌磨粉太麻
烦，可以购买现成的
绿豆粉和小米粉。

烹调妙招

○ 做法 ○

1. 将绿豆放入搅拌机中
   打成粉，倒入大碗
   中；小米也用搅拌机
   打成粉，与绿豆粉混
   合均匀，放入225克
   的水搅拌均匀。

2. 将绿豆小米浆过滤，
   滤网上的渣去掉不
   用；小葱洗净切成葱
   花；火腿切成丝；甜
   面酱和腐乳碾碎调
   匀；油条放入烤箱中
   烤酥脆；鸡蛋打在碗
   中调匀。

3. 小火加热平底锅，温
   热时倒入粉浆，一次
   倒入的量以转开可铺
   满锅底为宜，转动锅
   底小火加热。

4. 待饼底可以剥离锅底
   时，轻轻翻面，在饼
   皮表面倒入鸡蛋液，
   摊开，撒上葱花。

5. 待蛋液略凝固时翻
   面，刷上甜面酱腐乳
   汁，放上油条、生菜、
   火腿丝，卷起即可。

6. 将牛奶热好，配煎饼果子上桌。

健康油条 + 花样豆浆

难易程度 ★★★★☆
孩子参与度 ★☆☆☆☆

🥄 健康油条 🍴

。材料。

高筋面粉500克
鸡蛋4个

。调料。

色拉油4大匙
盐1/2小匙

。做法。

1. 在高筋面粉中加入鸡蛋液、盐及水，搅匀后加入色拉油，揉成面团，将揉好的面团盖上锅盖或保鲜膜，醒发30分钟。

2. 在面板上撒些干面粉，把醒好的面团取出置于面板上，擀成厚一些的面饼，然后扫去多余面粉，将面团切成条状。

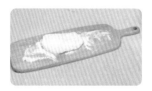

3. 取两块切好的条状面，上下堆叠，用筷子在中间轻压一下。

4. 将压制好的油条面坯轻轻抻长，顺着锅边轻轻滑入热油锅中炸至呈金黄色，捞出控油即可。

🥄 花样豆浆 🍴

。材料。

黄豆、红豆、黑豆各50克

。做法。

将黄豆、红豆、黑豆提前一天用水浸泡开，第二天直接放入豆浆机中做成豆浆。

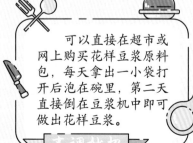

可以直接在超市或网上购买花样豆浆原料包，每天拿出一小袋打开后泡在碗里，第二天直接倒在豆浆机中即可做出花样豆浆。

烹调妙招

油条面坯一定要
顺着锅边放入油锅中，
千万不要直接丢进滚烫
的油锅中，容易溅油造
成烫伤。

烹调妙招

奶香紫薯面包

。材料。

高筋面粉150克

紫薯300克

清水65克

鸡蛋1个

细砂糖30克

酵母粉3/4小匙

盐1/4小匙

黄油25克

鲜奶15克

甜炼乳10克

黄油（液态）20克

植物油1小匙

。做法。

1. 紫薯切块，大火加热至熟，滤成细泥。

2. 取50克紫薯泥与高筋面粉、鸡蛋、酵母粉、盐一起搅成略光滑的面团，加入25克黄油，揉搓至可起略厚的薄膜。

3. 面团放至涂油的盆内发酵至2倍大，同时，将其余紫薯泥、液态黄油、鲜奶、甜炼乳混合均匀，制成紫薯馅。

4. 发酵面团分成6份，滚圆松弛10~15分钟。

5. 紫薯馅放面团中，捏紧收口，用细线割开，刷蛋黄液，在中心粘点白芝麻。

6. 将生坯放在烤盘上，盖保鲜膜最后发酵20分钟（30℃）至1.5倍大，烤箱于200℃预热，以上下火、180℃在中层烤15~18分钟即可。

紫薯泥会影响面粉筋性，和面时不用强求要拉出很薄的薄膜。

烹调妙招

162

猪肉汉堡

难易程度 ★★★★★
孩子参与度 ★★☆☆☆

○ 材料 ○

面包材料:

高筋面粉200克

低筋面粉50克

全蛋30克

鲜奶140克

细砂糖25克

盐1/4小匙

酵母粉1小匙

黄油25克

植物油1大匙

内馅材料:

猪肉馅250克

盐1/4小匙

蚝油1/2大匙

砂糖1/2小匙

黑胡椒粉1小匙

玉米淀粉3大匙

料酒1大匙

新鲜生菜2片

番茄1个（切片）

汉堡芝士片2片

沙拉酱1大匙

○ 做 法 ○

1. 将高筋面粉、低筋面粉混合，加鲜奶、盐、细砂糖、鸡蛋、黄油、酵母粉、清水，揉成面团，发酵约1小时，按每份100克分割成小面团，放入涂油的汉堡模内。

2. 面团在汉堡模内再次发酵30分钟，表面刷全蛋液，撒白芝麻。烤箱预热到200℃，上下火、180℃在中层烤20分钟。

3. 猪肉馅加上盐、黑胡椒粉、玉米淀粉、蚝油、料酒、砂糖，用筷子按同一方向搅拌至成团、起胶。

4. 将肉团分成小肉饼，放入平底锅，加1大匙水，盖上锅盖，焖至水干，开盖煎片刻。

5. 汉堡饼一切两半，分别在切面涂抹沙拉酱，夹上新鲜生菜、芝士片、番茄片、煎好的肉饼，再盖上另一半面包即可。

孩子巧动手

一切准备就绪后，让孩子按自己的喜好来组装汉堡吧！

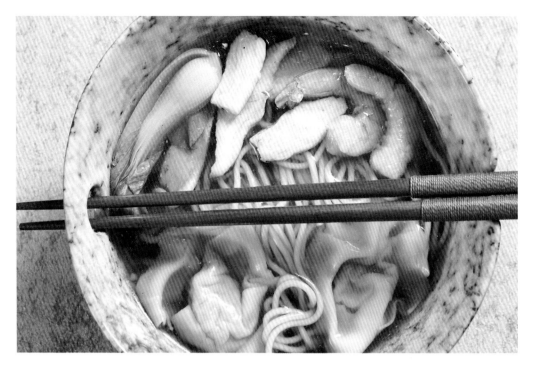

馄饨乌冬面

难易程度 ★★★☆☆
孩子参与度 ★★☆☆☆

○ 材料 ○

乌冬面条1袋（约200克），鸡肉200
克，虾仁100克，馄饨10个，青菜
100克

○ 调料 ○

生抽1小匙，胡椒粉1/2小匙，盐1/2
小匙，香油1小匙，植物油1小匙

○ 做 法 ○

1. 青菜洗净，切末；鸡肉切片，备用。

2. 炒锅烧热，倒入油加热，倒入鸡肉片，
   中火翻炒，加盐、胡椒粉调味，炒至鸡
   肉熟透后盛出备用。

3. 锅内倒入清水，水开后放入馄饨、乌冬
   面，待煮至七八分熟时加入虾仁，继续
   煮至食材熟透，加盐、生抽、香油、胡
   椒粉调味。

4. 放入青菜末稍烫，关火，盛入碗中，放
   入炒好的鸡肉即可。

家庭自制版"浓汤宝"：可以在闲暇之时熬制一小盆肉末鸡汤，冻在冰格里，
每次吃面的时候拿出来一块，与面条同煮。

烹调炒招

营养健康的午餐便当 第四章

小熊心语：

　　孩子进入小学后，午餐一般由学校提供。也有一些孩子回家吃午餐或是自带便当。午餐在孩子一天的学习生活中有承上启下的作用，既补充早上的能量消耗，又为下午的学习加足马力。午餐提供的营养占到孩子一天营养摄入的1/3~1/2，它对孩子的健康成长是非常重要的。

——吃得安全，营养丰富

Q 午餐应该怎么吃？

A 午餐提供了人体全天所需的30%左右的热能，不管是成人还是孩子都要吃好午餐。安排午餐也要注意均衡营养，应该注意以下几点。

碳水化合物	午餐中的碳水化合物要足够，这样才能给大脑活动提供充足的能量	碳水化合物的主要来源是谷类，宜选择淀粉含量高的谷类，如米饭、面条等，避免含蔗糖较多的食物，如甜食、饮料等。午餐若选择米饭，宜用量75~150克。加粗粮会更好，这样下午的血糖会保持稳定，粗粮可选择玉米等
蛋白质	摄入蛋白质可提高机体的免疫力，帮助稳定餐后血糖，为人体提供能量	高质量的蛋白质来源有肉、鱼、豆制品。以肉类为例，午餐时摄入纯肉类在75克左右比较适宜
维生素	维生素的作用各不相同，可以保护视力、预防贫血等	维生素主要来自水果、蔬菜、鱼、牛奶等。孩子午餐时最好多吃一些蔬菜、鱼类等
膳食纤维	膳食纤维可以促进胃肠蠕动，加快粪便的排泄，减少有害物对肠道的不良刺激	富含膳食纤维的食物有粗粮、蔬菜、豆类等

Q 什么时候吃午餐最好？

A 一日三餐都要有规律，一般来说，午餐安排在11点半到12点较合适。孩子在学校上学时，一般能保证在这个时间点进餐。周末或节假日在家时，家长最好引导孩子早睡早起，中午按时吃饭，这样能帮助孩子养成良好的饮食习惯，对促进身体健康是很有好处的。

Q 孩子的午餐要注意什么?

A 不能太简单

午餐占孩子一天饮食量的1/3以上,因此午餐必须吃好。仅仅吃点泡面、饼干,营养不够均衡,能量供应也不足。

不能吃"快餐"食品

"洋快餐"基本都是油炸食品,肉食过多。蛋白质、脂肪倒是够了,维生素肯定不够,营养也不均衡。

不能一心二用

一边看书一边吃饭,一边写作业一边吃饭,看起来很用功,其实这样的一心二用给孩子带来很多不利后果。因为吃饭时胃肠工作需要充足的血液供应,如果边吃饭边看书,由于大脑工作需要充足氧气和营养,会使原本流向消化道的血液分出来一部分供给大脑,导致胃肠道的蠕动受影响,对消化不利。另外,一边看书、写作业,一边吃东西,很不卫生。

不能吃得太饱

进食午餐后,身体中的血液将集中到胃肠道来帮助消化吸收,在此期间大脑处于缺氧状态,人容易倦怠。如果吃得过饱,会延长大脑处于缺血缺氧状态的时间,从而影响下午的学习效率。

午餐后要保证一定的午休时间

午睡对孩子来说不但可以提高下午的学习效率,还能恢复体力。午餐后半小时再午休最好,休息时间以15~30分钟为宜。

鸡蛋沙拉三明治便当

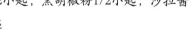

难易程度 ★★★☆☆
孩子参与度 ★★☆☆☆

○ **材料** ○

吐司面包4片，鸡蛋2个，圆火腿2片，
土豆、胡萝卜各50克，生菜叶3片

○ **调料** ○

盐1/2小匙，黑胡椒粉1/2小匙，沙拉酱
1大匙

○ **做法** ○

1. 鸡蛋煮熟，切成细条，再切成粒，撒
   入盐和黑胡椒粉，再加入沙拉酱拌
   匀；生菜洗净。

2. 圆火腿切条后切粒；土豆、胡萝卜分
   别去皮洗净，上锅蒸熟，碾成泥；将
   火腿粒、土豆泥、胡萝卜泥放入鸡蛋
   沙拉中，拌匀。

3. 吐司面包薄薄地涂抹沙拉酱，放入鸡
   蛋沙拉和生菜，盖上一片吐司面包，
   即可。

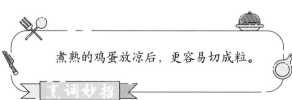

煮熟的鸡蛋放凉后，更容易切成粒。

烹调妙招

小白兔可爱便当

难易程度 ★★★☆☆
孩子参与度 ★★☆☆☆

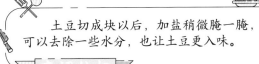

土豆切成块以后，加盐稍微腌一腌，可以去除一些水分，也让土豆更入味。

○ 材料 ○

米饭1碗，广式腊肠1根，土豆1个，生菜、胡萝卜各1片，西蓝花30克，圣女果1个，鸡蛋1个，海苔20克

○ 调料 ○

盐1/2小匙，胡椒粉1/2小匙，植物油1小匙

○ 做法 ○

1. 腊肠煮熟，切薄片。用米饭做出小白兔的造型，用海苔做出眼睛和嘴巴的形状，再用胡萝卜片做个蝴蝶结。

2. 鸡蛋打散，用平底锅煎成蛋饼，然后盛出，放入生菜和煮熟的腊肠片卷起来，切成小段，放在米饭旁边。

3. 西蓝花洗净，下开水锅中焯熟后放在米饭的旁边；土豆洗净，去皮，切成块，用盐稍微腌一腌，用平底锅煎熟，同样放在米饭的旁边；圣女果洗净，对半切开，放在米饭上，再撒胡椒粉就可以啦。

老干妈蒸蛏子配米饭便当

○ 材料 ○

蛏子10个
青椒20克
红椒20克
大蒜2瓣
大米50克
黑芝麻3克

○ 调料 ○

料酒1小匙
盐1/2 小匙
植物油1大匙

○ 做法 ○

1. 青椒、红椒分别洗净，切粒；蛏子提前放清水中加盐浸泡一天，使其吐净泥沙。

2. 蛏子去壳，洗净内部的沙子，用水洗去黏液，用厨房专用纸吸干水。

3. 大蒜拍扁，剁成蒜蓉。

4. 将蒜蓉、料酒、盐、青红椒粒拌匀，制成味汁。

5. 将蛏子摆盘，用小勺给每个蛏子依次倒入调好的味汁，然后入开水锅蒸7分钟。

6. 烧热油，浇在蒸熟的蛏子肉上即可。

7. 将大米淘洗干净，放入电饭煲中，加入清水，水与米的比例为1:1，蒸熟后撒上黑芝麻即可。

也可把蒸蛏子的汁水倒入锅内，用水淀粉勾芡，收浓后浇在蛏子肉上，蛏子更香浓。

烹调妙招

孩子巧动手

如果有压蒜器，剁蒜蓉的事情让孩子去做吧，放入剥好的大蒜瓣，用压蒜器反复多压几次就行了。

172

17

菠萝咕咾肉配芝麻大米饭便当

难易程度 ★★★★☆
孩子参与度 ★☆☆☆☆

○材料○

五花肉300克

菠萝50克

红椒1个

青椒1个

鸡蛋1个

黑芝麻3克

大米100克

○调料○

番茄酱1大匙

醋1小匙

白糖10克

料酒1小匙

盐1/2小匙

淀粉30克

色拉油3大匙

肉块复炸一次，
更易成形，不会变软
变黏。

烹调妙招

孩子巧动手

削菠萝比较棘手，不宜让孩子去做，但是将菠萝肉切成块很简单，完全可以让孩子完成。

○做法○

1. 菠萝洗净，切成小块，浸泡在淡盐水中。

2. 红椒和青椒洗净，去蒂、籽，切菱形块。

3. 五花肉洗净，切成小块，放入盐、料酒，腌15分钟。

4. 鸡蛋去壳，打散成鸡蛋液，加入淀粉制成芡糊，将腌好的五花肉放入芡糊中挂糊。

5. 起油锅烧至五成热，放入肉块炸至金黄色，捞出。油锅再用大火烧热，倒入炸好的肉块复炸一遍，捞出沥油。

6. 锅中留底油，放入菠萝块煸炒，倒入番茄酱、醋、白糖、清水、炸肉块、青椒块、红椒块炒匀，放入淀粉勾芡，使食材都挂上芡。

7. 将大米淘洗干净，放入电饭锅加水蒸熟，撒上黑芝麻即可。

黄豆烧排骨配米饭便当

○ **材料** ○

新鲜排骨150克
黄豆100克
姜1块
干辣椒10克
大米100克
熟黑芝麻3克

○ **调料** ○

豆瓣酱1小匙
老抽1小匙
大料2个
食用油1大匙

○ **做法** ○

1. 黄豆在温水中泡3小时以上，洗净并沥水；排骨斩成小块；姜切末；干辣椒切段。

2. 炒锅置火上，倒油烧热，下入姜末、干辣椒段爆香，放入排骨块炒至变色。

3. 先加入豆瓣酱、老抽、大料翻炒2分钟，再下入黄豆炒至收汁，加清水至刚没过锅内的食材，盖上锅盖，中火炖煮25分钟即可出锅。

4. 将大米淘洗干净，放入电饭锅。锅里再放入水，水与米比例为1∶1，蒸熟。最后撒上黑芝麻即可。

1. 豆瓣酱和酱油都是咸的，烧排骨时应尽量少放盐。
2. 蔬菜与排骨的组合可以是多样的。没有黄豆，可以加新鲜的蔬菜进去，如莴笋、土豆、豆角等。

烹调妙招

剁椒蒸鲈鱼配米饭便当

难易程度 ★★★★☆
孩子参与度 ★★☆☆☆

○材料○

鲈鱼1条
剁椒80克
姜2片
黑芝麻3克
大米100克
菠菜2小棵

○调料○

蒸鱼豉油1小匙
色拉油1小匙
盐1/2小匙

○做法○

1. 将鲈鱼宰杀，清理干净，取一小段抹上盐，加姜片腌20分钟。菠菜洗净，用沸水烫熟备用。

2. 将腌好的鱼用水冲洗，然后将鲈鱼两边均匀地抹上蒸鱼豉油和色拉油；再在鲈鱼表面均匀抹上剁椒，放入盘中。

3. 蒸锅中放水，大火烧开，放入调制好的鱼，蒸8分钟即可。与菠菜一起盛入便当盒中。

4. 将大米淘洗干净，放入电饭锅。锅里放入水，水与米比例为1∶1，蒸熟，最后撒上黑芝麻即可。

加些蒸鱼豉油可以提味，另外因蒸鱼豉油里含有人体所需的多种氨基酸，所以蒸鱼豉油还可以提高整道菜的营养价值。

烹调妙招

 孩子巧动手

家长在准备蒸鲈鱼的时候，可以让孩子去蒸米饭，以便让孩子体会到劳动的快乐。

咖喱鳕鱼配二米饭便当

○ 材料 ○

鳕鱼块200克

胡萝卜1个

土豆1个

蒜2瓣

大米50克

小米30克

黑芝麻、白芝麻各少许

○ 调料 ○

咖喱酱150克

咖喱粉20克

盐1/2小匙

食用油1大匙

○ 做法 ○

1. 土豆、胡萝卜分别洗净，去皮，切块；蒜洗净，切末。

2. 油锅烧热，放入土豆块和胡萝卜块翻炒，炒至土豆呈现微微透明时加入咖喱酱、咖喱粉、蒜末、盐。

3. 炒匀后放入鳕鱼块，加水，煮开后转中小火，炖8分钟左右，盛出。

4. 将大米、小米分别淘洗干净，放入电饭煲中。锅里加入清水，水与米的比例为1：1，蒸熟，分别撒上黑芝麻和白芝麻即可。

咖喱酱也可用块状咖喱替代，但块状咖喱需要先用水化开再使用。

烹调妙招

孩子巧动手

洗土豆和胡萝卜并将其切成块的事情交给孩子去做，可以切滚刀块，也可以切成小块。

酱爆鲜鱿鱼配米饭便当

难易程度 ★★★★☆
孩子参与度 ★★☆☆☆

○ **材料** ○

小鱿鱼200克

姜末30克

蒜末20克

葱花20克

大米100克

○ **调料** ○

料酒10毫升

海鲜酱30克

蚝油20毫升

盐3克

花椒油5毫升

白糖3克

食用油1大匙

○ **做法** ○

1. 将小鱿鱼改刀切成小块，放入加了料酒的沸水锅中汆烫一下，捞出沥干，备用。

2. 将海鲜酱、蚝油、盐、花椒油、白糖放入碗中，搅拌均匀，制成调料汁。

3. 锅置火上，倒入食用油，爆香姜末、蒜末、葱花，下入调料汁，熬成酱汁后下入鱿鱼，炒匀。

4. 大米淘洗干净，放入电饭煲中，放入水，大米与水的比例以1∶1为宜，蒸熟即可。

烹调妙招

小鱿鱼炒制时间不要太长，大火快炒，菜品更爽脆。

孩子巧动手

小鱿鱼的清洗工作可以交给孩子。将鱿鱼的黑膜轻轻撕去，是个考验人耐心的事情。

鲜虾炒鸡蛋肉末配二米饭便当

○材料○

鲜虾150克

肉末50克

葱花20克

鸡蛋2个

大米50克

小米30克

豌豆30克

○调料○

料酒10毫升

盐3克

食用油1大匙

在蛋液里加一点凉白开，蛋炒出来更滑嫩。

○做法○

1. 鲜虾汆烫后去壳，去虾线，切成粒；肉末放入热油锅中炒熟，备用。

2. 鸡蛋去壳，搅匀成蛋液。另取一炒锅，加少许油烧热，倒入蛋液翻炒。

3. 待鸡蛋炒熟后加入葱花、虾仁、肉末、豌豆煸炒，烹入料酒，加入盐，翻炒均匀即可出锅（若喜欢酱油的味道，可以加入少许酱油）。

4. 将大米、小米分别淘洗干净，放入电饭锅中。锅里加入清水，水与米的比例为1：1，蒸熟即可。

孩子巧动手

让孩子切葱花吧。由于需要的葱花并不多，因此不至于让孩子辣眼睛。

卤鸭腿配米饭便当

难易程度 ★★★★☆
孩子参与度 ★☆☆☆☆

◦材料◦

鸭腿1个
大米100克
时令青菜150克

◦调料◦

生抽35毫升
冰糖10克
老抽20毫升
香叶4片
大料3粒
盐3克

鸭腿可以多腌制一会儿。在腌制的时候可以将鸭腿翻面，方便腌得更入味。

烹调妙招

◦做法◦

1. 砂锅中依次加入大料、香叶、老抽、生抽、冰糖、盐，倒入适量清水，放入鸭腿腌2小时。

2. 将腌鸭腿的砂锅置于火上，大火煮沸，用勺子撇去浮沫，改用小火炖40分钟，即可关火。

3. 大米淘洗干净，放入电饭煲中，加入水，大米与水的比例为1∶1。蒸熟即可。

4. 时令青菜洗净后用开水烫熟，搭配鸭腿一起食用即可。

孩子巧动手

卤鸭腿时，孩子可以在卤汤中加入自己喜欢的食物，比如土豆、莲藕、菜花等。

板烧鸡腿肉配米饭便当

难易程度 ★★★★☆
孩子参与度 ★★☆☆☆

○材料○

新鲜鸡大腿500克
大米100克
时令蔬菜150克

○调料○

板烧鸡腿腌料27克
食用油1大匙

○**做 法**○

1. 选择新鲜的鸡大腿，剔骨，去除筋腱。

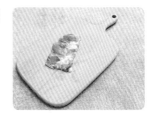

2. 板烧鸡腿腌料放入碗中加水调匀。

3. 鸡腿肉中倒入腌料汁混合均匀。

4. 将鸡腿肉放在冰箱冷藏室里腌4小时以上，然后取出。

5. 将腌好的鸡腿肉蒸10分钟左右，取出后在油锅中煎制6～8分钟至表面焦黄。

6. 大米淘洗干净，水放入电饭煲中，加入水，大米与水的比例以1：1为宜，蒸熟即可。

7. 时令蔬菜洗净放入开水中烫熟，与鸡腿肉、米饭搭配在一起即可。

煎制时间根据肉块大小和油温自己灵活掌握。

烹调妙招

孩子巧动手

准备好原材料，让孩子自己完成腌制鸡腿肉的操作即可。

蛋包饭藕盒便当

○ 材料 ○

米饭1碗，鸡蛋2个，紫菜1片，藕1段，姜1块，葱1段，面粉100克

○ 调料 ○

白醋、糖、淀粉、芝麻油、酱油各1/2小匙，盐1小匙，食用油3大匙

调鸡蛋面糊时，若面糊很稠，可适当加些水，调稀一些，以用勺子舀起来倒下成细线为宜。

○ 做 法 ○

1. 用白醋、糖、1/2小匙盐调成汁，小火加热，搅拌成寿司醋。

2. 将面粉放入盆中，加鸡蛋，搅拌成面糊。

3. 热油锅倒入鸡蛋面糊，摊成蛋皮，放凉，放上一片紫菜。将米饭均匀摊在紫菜上，卷起，压实，切小份，放入便当盒里。

4. 葱、姜分别洗净，切碎，放碗里，加入酱油、芝麻油、淀粉和剩余盐搅拌成面糊。

5. 藕去掉两头，削皮，洗净，切成薄片，蘸上面糊。

6. 锅里加油烧热，下入藕片，炸至表面微黄，然后摆入便当盒里，即可。

L'il Critters

小熊心语：

　　结束一天的工作和学习，一家人好不容易聚在一起。晚餐既是一顿饭，也是一种团聚的方式。晚餐吃点什么好？有仪式感的大鱼大肉，清淡营养的白菜、豆腐，还是普通的包子、饺子？好像每一样都可以，但是每一样都不能太多。

　　晚餐虽不拘于形式，但既不能太油腻，也不能缺少营养。大家围坐在一起，开开心心地吃着晚餐，相亲相爱，这才是孩子眼里最美好、最温暖的家。

晚餐 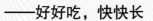——好好吃，快快长

Q 孩子晚餐吃什么才好？

A 孩子的晚餐应该多样化。家长在给孩子准备晚餐时，需精心安排，要做一些易于消化、热量适中的食物，如豆制品、瘦肉、鱼类、菌类、青菜类等。

在主食方面，晚餐可以吃米饭、馒头、包子、饺子等。但是不要光吃不喝，那样不利于消化，可以搭配稀饭或者汤。

至于菜，则要荤素搭配，全方位补充营养。荤菜可以补充蛋白质等，素菜可以补充维生素等营养成分，因此都要吃点。

Q 晚餐时孩子应该吃得少一些才更健康吗？

A 对于成年人尤其是老年人而言，晚餐要吃得少一点，七八分饱即可，更利于身体健康。但对于正在上小学的孩子来说，就要另当别论了。

孩子正处在生长发育的旺盛时期，不论身体生长还是大脑发育均需补充大量的营养物质。孩子的生长发育一刻也不会停止，夜间也是一样。晚餐距次日早晨的时间间隔有12个小时左右，时间很长。虽说睡眠时无需补充食物，但身体仍需一定的营养物质。若晚餐吃得太少、太差，则无法满足营养需求，长此以往，就会影响孩子的发育生长。

Q 孩子晚餐可以吃甜食吗？

A 很多孩子都爱吃甜食，有些家长就想，晚餐不妨做点甜蜜的食物，如菠萝咕咾肉、拔丝红薯、锅包肉……其实这样不好，孩子晚餐吃太多甜食，身体吸收后会直接转化为脂肪，不利于孩子的健康。

孩子每日摄取的能量有10%来自甜食即可。可以偶尔让孩子在下午吃一块蛋糕或加了葡萄干的面包。如果孩子在下午加餐的时候进食奶制品，最好是给他液体的，比如牛奶、酸奶，因为这些更容易吸收。

Q 晚餐适合多一些汤水类食物吗？

A 有的家长怕孩子晚餐吃多了不好消化，就尽量让孩子喝点汤或是用汤泡饭。汤水消化很快，不到睡觉时间，孩子又饿了，又要补充食物，在临睡前吃东西，反而更不易消化。

另外，有的孩子不爱吃菜，却喜欢用汤或水泡饭吃。这样，很多饭粒还没有嚼烂就咽下去了，也不易消化。

Q 孩子晚上要不要加餐？

A 孩子的运动量大，消化能力强，如果晚餐早一点，孩子不到睡觉时就又会喊饿。还有一些家长过度焦虑，总怕孩子长得不够高、不够壮，睡前想给孩子补充点食物。其实一般来说，孩子晚上不要加餐。如果孩子实在感到饿，也可以安排一次加餐，可参看下表。

	宜		不宜
饮品	牛奶	油炸食品	油煎荷包蛋、油炸汤圆
汤水	鱼汤、疙瘩汤、面汤	肥腻食品	红烧肉
主食	素包子、面条	卤制品	酱牛肉、卤鸡、烧鸡
水果	香蕉、草莓、橘子	红薯类	烤红薯、红薯干

南瓜百合粥 + 蒜香橄榄油黑木耳沙拉

难易程度 ★★☆☆☆
孩子参与度 ★★★☆☆

🥄 南瓜百合粥 🍴

○ 材料 ○

南瓜75克

百合20克

大米200克

○ 调料 ○

冰糖10克

○ 做法 ○

1. 南瓜去皮、瓤，洗净，切成小块；百合洗净，分成瓣，放沸水锅中烫透，捞出沥干水备用。

2. 大米淘洗干净，放入锅里，按照米和水1∶10的比例加入清水，浸泡30分钟，然后放入南瓜块，大火煮开转小火煮30分钟。

3. 等粥煮开时揭开锅盖，继续煮20分钟左右，下入百合、冰糖，再煮5分钟左右即可。

🥄 蒜香橄榄油黑木耳沙拉 🍴

○ 材料 ○

干黑木耳20克，圣女果7个，蒜2瓣，
黄甜椒1个

○ 调料 ○

盐1/2小匙，生抽1小匙，橄榄油、苹果
醋、香椿酱各1小匙

○ 做法 ○

1. 黑木耳用凉水泡发，去掉根，撕成小片，洗净，放入开水中焯2分钟，用冰水过凉，捞出沥水。

2. 圣女果洗净，对半切开；蒜去皮，切薄片；黄甜椒去蒂、籽，撕成小块。

3. 平底锅放在灶上，加入橄榄油和蒜片，小火爆香，滤出油，放凉备用。

4. 把黑木耳片、圣女果块、黄甜椒块一起放入盘里，加盐、生抽、苹果醋和冷却的蒜香橄榄油拌匀就可以了。吃的时候，蘸香椿酱。

将黑木耳放入加了盐的开水锅里煮2分钟，捞出迅速放在冰水里过凉，沥干水，可以让黑木耳更爽脆。

烹调妙招

195

干巴菌火腿炒饭 + 果粒酸奶

干巴菌火腿炒饭

◦材料◦

米饭300克

火腿丁50克

干巴菌50克

青椒、红椒各30克

蒜2瓣

◦调料◦

盐1/2小匙

香油1小匙

色拉油1/2大匙

◦做法◦

1. 青椒、红椒洗净，切丁；大蒜切片。

2. 干巴菌洗净，撕成丝。炒锅中加香油烧热，然后放入干巴菌炒出香味，加入盐调味，起锅备用。

3. 炒锅内放入色拉油，烧热后下入大蒜片、青椒丁、红椒丁炒香。

4. 再放入干巴菌丝、火腿丁翻炒几下，接着加入米饭炒热，加盐调味即可。

果粒酸奶

◦材料◦

酸奶1盒，水果若干

◦做法◦

将水果去皮洗净，切小块，撒入酸奶中即可。

超市购买的果粒酸奶中的水果粒不仅口感欠佳，营养价值也大打折扣。如果有时间尽量自制果粒酸奶。

烹调妙招

干巴菌尽量撕得小一点，炒去水分，味道会更香醇。

烹调妙招

腊味酱油炒饭 + 胡萝卜牛奶

🥄 腊味酱油炒饭 🍴

○材料○

米饭200克
腊肠100克
洋葱1/2个
胡萝卜1/2根

○调料○

白糖20克
酱油1小匙
植物油1/2大匙

○做法○

1. 腊肠、胡萝卜和洋葱分别切丁。

2. 把白糖和酱油放入小碗中，搅拌均匀。

3. 锅置于火上预热，倒入油烧热，倒入洋葱丁、胡萝卜丁、腊肠丁，大火炒香。

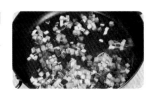

4. 倒入米饭翻炒片刻，加入调好的料汁，炒匀即可。

🥄 胡萝卜牛奶 🍴

○材料○

胡萝卜1根，牛奶250毫升，蜂蜜1小匙

○做法○

1. 胡萝卜洗净，切成小薄片，蒸熟。

2. 将蒸好的胡萝卜片和牛奶放入榨汁机中打匀，加蜂蜜调味即可。

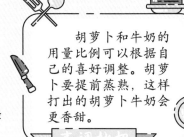

胡萝卜和牛奶的用量比例可以根据自己的喜好调整。胡萝卜要提前蒸熟，这样打出的胡萝卜牛奶会更香甜。

烹调妙招

白糖和酱油可以提前调成料汁，也可以在炒饭的时候分别加入。成菜效果前者更胜一筹。

烹调妙招

199

菠萝炒饭 + 蜂蜜番茄汁

难易程度 ★★★☆☆
孩子参与度 ★★☆☆☆

🥄 菠萝炒饭 🍴

○材料○

菠萝1个
米饭200克
鸡蛋2个
腰果30克
玉米粒50克
豌豆粒50克

○调料○

盐1/2小匙
植物油2小匙

○做法○

1. 将菠萝对半切开，挖出果肉，切成1厘米见方的小块，用淡盐水浸泡。

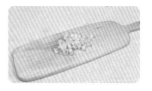

2. 豌豆粒、玉米粒焯烫后捞出，备用；鸡蛋加少量清水，打成蛋液。

3. 炒锅中加油，烧至六成热，倒入鸡蛋液炒成鸡蛋碎，盛出备用。

4. 锅中加油烧热，放入豌豆粒、玉米粒翻炒片刻，加入盐、米饭一起翻炒均匀。再将菠萝丁放入锅中，翻炒至菠萝丁和米饭充分混合，加入鸡蛋碎翻炒片刻，最后加入腰果翻炒几下，即可出锅。

🥄 蜂蜜番茄汁 🍴

○材料○

番茄1个

○调料○

蜂蜜1小匙

烹调妙招

如果不喜欢太稠的口感，可以加入三分之一的纯净水稀释。注意一定要加纯净水，口感更清爽。

○做法○

1. 将番茄洗净，放入热水中烫一下，撕掉外皮，然后切成小块，放入榨汁机中打匀。

2. 加入蜂蜜调匀即可饮用。

菠萝在炒制之前应在盐水里浸泡半小时左右，以去除涩味和过敏性物质。

烹调妙招

番茄奶酪乌冬面 + 菠菜金枪鱼饭团

🥄 番茄奶酪乌冬面 🍴

○ 材料 ○

乌冬面200克

番茄2个

鱼豆腐1包

煮鸡蛋1个

小洋葱2个

奶酪1片

玉米粒30克

芦笋6根

○ 调料 ○

番茄酱15克

橄榄油1小匙

○ 做法 ○

1. 番茄洗净，切成块，放进料理机里打成糊；洋葱洗净，切成丝；芦笋洗净，切成段。

2. 油锅小火烧热，放入番茄糊、番茄酱、洋葱丝，翻炒2分钟。

3. 加入水、奶酪片，大火煮开，再放入乌冬面和鱼豆腐中火煮到面条七八分熟。

4. 放入玉米粒、芦笋段，继续煮到面条熟透，然后关火，把面条、汤以及里面的蔬菜等都盛入碗里。熟鸡蛋剥掉外壳，对半切开，放到面碗里即可。

如果孩子不喜欢吃番茄皮，切块前可将番茄放入热水中烫一下，取出去皮就容易多了。

烹调妙招

🥄 菠菜金枪鱼饭团 🍴

○ 材料 ○

米饭1碗，菠菜叶50克，洋葱1/2个，胡萝卜20克，罐装金枪鱼肉50克

○ 调料 ○

色拉油1小匙，盐1/2小匙，黑胡椒粉1/2小匙

○ 做法 ○

1. 菠菜叶洗净，烫软，挤干水；金枪鱼肉，沥干。

2. 洋葱、胡萝卜洗净，切碎。

3. 油锅烧热，下胡萝卜碎、洋葱碎和金枪鱼肉翻炒，放入菠菜炒几秒钟，关火。

4. 往锅里倒入米饭，加盐、黑胡椒粉拌匀，做成大小适中的饭团，即可。

扬州炒饭 + 番茄蛋花汤

扬州炒饭

○ 材料 ○

米饭300克
虾仁100克
生菜5片
胡萝卜1/2根
火腿肠30克
鸡蛋1个

○ 调料 ○

白胡椒粉1/2小匙
盐1/2小匙
色拉油1大匙

○ 做法 ○

1. 将鸡蛋磕入米饭中，搅拌均匀备用。

2. 虾仁切丁；生菜、胡萝卜、火腿肠分别切丝。

3. 炒锅置火上烧热，倒入色拉油，加入虾仁丁，大火翻炒后盛出备用。

4. 锅内留底油，倒入米饭蛋液，大火翻炒，待米饭炒干后放入切好的胡萝卜丝、火腿丝、生菜丝和炒过的虾仁丁，翻炒至熟后加盐、白胡椒粉翻炒均匀即可。

番茄蛋花汤

○ 材料 ○

鸡蛋2个，番茄1个

○ 调料 ○

盐1/2小匙，香油1小匙

○ 做法 ○

1. 将番茄洗净，切片；鸡蛋打成蛋液。

2. 取汤锅，放入1碗水并加入盐，大火煮开，放入切好的番茄片煮一会儿，倒入打散的鸡蛋液制成蛋花汤，等再次开锅后滴入香油即可出锅。

将番茄炒一下再加水煮开，汤的味道会更香浓。

烹调妙招

炒饭时火不要太大，不停翻炒，尽量让每一粒米都包裹上蛋液。

烹调妙招

205

什锦炒饭 + 紫菜蛋花汤

🥄 什锦炒饭 🍴

○ 材料 ○

米饭200克
黄瓜50克
火腿肠30克
胡萝卜30克
鸡蛋1个

○ 调料 ○

盐1/2小匙
食用油1大匙

○ 做法 ○

1. 火腿肠、胡萝卜、黄瓜分别切小丁；鸡蛋打散备用。

2. 炒锅放少许油烧热，倒入蛋液炒成碎丁，盛出。

3. 炒锅烧热，倒入油加热后，倒入胡萝卜丁翻炒至软，然后加入米饭翻炒，再撒入盐调味，接着将米饭炒散。

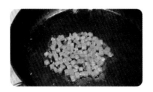

4. 最后加入火腿丁、黄瓜丁和炒好的鸡蛋碎，翻炒均匀即可。

🥄 紫菜蛋花汤 🍴

○ 材料 ○

鸡蛋1个，紫菜10克

○ 调料 ○

盐1/2小匙，白胡椒粉1/2小匙，香油1小匙

○ 做法 ○

1. 锅里倒入1碗水，加盐、白胡椒粉，大火烧开后放入紫菜和打散的鸡蛋液。

2. 等再次开锅后滴入香油即可。

如果喜欢香菜，也可以加点香菜碎增香。

烹调妙招

胡萝卜丁也可以
先用开水焯熟，炒的
时间就缩短了很多，
也更出味。

培根黑胡椒原汁拌饭 + 生拌油麦菜

🥄 培根黑胡椒原汁拌饭 🍴

○ 材料 ○

培根6片
洋葱1个
杭椒2个
白米饭1碗

○ 调料 ○

黑胡椒粉1/2小匙
黄油10克

○ 做法 ○

1. 杭椒洗净，切小段；洋葱去皮，洗净，切丁；培根解冻。

2. 锅置火上，放入黄油加热至化开，放入培根略煎即出锅。

3. 锅内留油，爆香杭椒段和洋葱丁，加入煎好的培根，撒黑胡椒粉，翻炒出锅，与米饭拌食即可。

🥄 生拌油麦菜 🍴

○ 材料 ○

油麦菜250克

○ 调料 ○

盐1/2小匙，蚝油1小匙

○ 做法 ○

1. 将油麦菜洗净，切段。

2. 将油麦菜用盐和蚝油调味，与上文的培根拌饭一起食用即可。

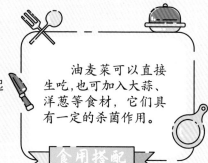

油麦菜可以直接生吃，也可加入大蒜、洋葱等食材，它们具有一定的杀菌作用。

食用搭配

209

素什锦原味拌饭 + 清炒西蓝花

🥄 素什锦原味拌饭 🍴

○ 材料 ○

杏鲍菇100克

土豆1个

胡萝卜1个

芹菜50克

洋葱1/2个

蒜2瓣

姜2片

白米饭1碗

○ 调料 ○

黄油30克

黑胡椒粉1/2小匙

蚝油10克

盐1/2小匙

生抽1小匙

○ 做法 ○

1. 洋葱切丁；杏鲍菇、土豆、胡萝卜、芹菜分别切条；蒜洗净，切片。

2. 炒锅置于火上烧热，放入黄油加热至化开，下洋葱丁、蒜片、姜片炒香，再加入土豆条、胡萝卜条、杏鲍菇条煸炒，炒熟后加入盐、生抽、蚝油、黑胡椒粉，翻炒均匀。

3. 加入芹菜条，翻炒至熟，出锅与米饭拌匀即可。

🥄 清炒西蓝花 🍴

○ 材料 ○

西蓝花250克，葱1段，蒜2瓣

○ 调料 ○

橄榄油1小匙，盐1/2小匙

西蓝花不要焯水太长时间，可以在开水里加一点盐和油，西蓝花的颜色会更翠绿好看。

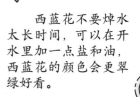

烹调妙招

○ 做法 ○

1. 西蓝花洗净，掰小朵，放入开水锅中焯烫，捞出沥干。

2. 葱洗净切末；蒜剥皮，洗净切末，备用。

3. 炒锅加橄榄油烧热，先下入葱末、蒜末爆香，再下入西蓝花快炒，加盐即可。

如果炒菜时锅里比较干，可以稍微加些开水。

美味炒拍

台湾卤肉原汁拌饭 + 爽口黄瓜

台湾卤肉原汁拌饭

○ 材料 ○

五花肉200克
紫皮洋葱1个
干香菇5朵
姜1块
蒜2瓣
白米饭1碗

○ 调料 ○

料酒1小匙
生抽1小匙
老抽1小匙
五香粉5克
大料2个
冰糖、盐各1/2小匙
食用油1大匙

○ 做法 ○

1. 紫皮洋葱去皮，洗净，切碎；干香菇泡发后切片；姜切丝；蒜切片。

2. 五花肉洗净切细条，汆烫2分钟，捞出。

3. 油锅烧热，下入姜丝、蒜片、香菇片、洋葱碎，翻炒。

4. 倒入五花肉条，炒至肉变白，加入老抽、生抽、料酒、五香粉、大料、冰糖，翻炒均匀。

5. 加入温水、盐，大火煮开，小火慢炖1小时，盛出与白米饭拌食。

爽口黄瓜

○ 材料 ○

黄瓜1根

○ 调料 ○

盐1/2小匙

○ 做法 ○

1. 黄瓜洗净后切成薄片。

2. 将黄瓜片放入碗中，加盐调味即可。

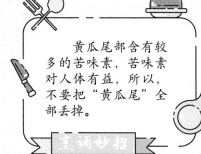

黄瓜尾部含有较多的苦味素，苦味素对人体有益，所以，不要把"黄瓜尾"全部丢掉。

烹调妙招

蜜汁鸡翅原汁拌饭 + 青椒土豆丝

🥄 蜜汁鸡翅原汁拌饭 🍴

○材料○

鸡翅中6个
姜1块
白米饭1碗

○调料○

蚝油30毫升
黑酱油25毫升
蜂蜜50克
食用油1大匙

○做法○

1. 鸡翅中洗净，两面各切2刀；姜洗净，切丝。

2. 油锅烧热，下姜丝炒片刻，放入鸡翅中，煎至鸡翅中两面微黄、肉熟。

3. 将蜂蜜、蚝油、黑酱油分别倒入锅中，加水，盖锅盖焖到汁剩余少许。用原汁拌饭，搭配鸡翅一起食用即可。

🥄 青椒土豆丝 🍴

○材料○

土豆200克，青椒1个，葱1段

○调料○

橄榄油1小匙，盐1/2小匙

○做法○

1. 土豆洗净，去皮，切丝，用清水浸泡。

2. 青椒掰开，去籽、蒂，洗净后切丝；葱洗净，切成丝。

3. 将土豆丝、青椒丝分别下开水锅焯烫至断生，放入盆中，加葱丝，用橄榄油、盐调味即可。

将土豆丝、青椒丝放入锅中，用大火翻炒后出锅，也很好吃。

烹调妙招

煎鸡翅中时不用放太多油，因为鸡翅中的鸡皮部分富含油脂，煎制时会流出。

烹调妙招

215

卤鸡腿原汁拌饭 + 清炒四季豆

难易程度 ★★★☆☆
孩子参与度 ★★☆☆☆

🥄 卤鸡腿原汁拌饭 🍴

○ **材料** ○

鸡腿4个

白米饭1碗

○ **调料** ○

生抽、老抽各1小匙

冰糖25克

大料3个

香叶4片

干辣椒2个

葱1段

盐1/2小匙

○ **做法** ○

1. 砂锅中依次加入大料、香叶、干辣椒、葱段、老抽、生抽、冰糖、盐，再加入适量清水。鸡腿洗净后放入砂锅中，泡制两个小时。

2. 将盛有鸡腿的砂锅放在灶上煮沸，用勺子撇去浮起的泡沫，再用小火煮20分钟盛出，与米饭拌食即可。

🥄 清炒四季豆 🍴

○ **材料** ○

四季豆250克，葱1段，蒜2瓣

○ **调料** ○

橄榄油1小匙，盐1/2小匙

○ **做法** ○

1. 四季豆择洗干净，切成小丁；蒜去皮，切片；葱洗净，切末。

2. 锅置火上，放入橄榄油烧热，下入葱末和蒜片爆香，再下入四季豆丁，翻炒至熟透。

3. 出锅前用盐调味，搭配鸡腿与米饭食用即可。

四季豆一定要炒熟，不然会中毒，为安全起见，四季豆在炒之前可先放入开水中煮至八分熟。

烹调妙招

216

鸡腿不要煮太久，煮到鸡肉熟、鸡皮仍保持完整就可以啦。

牛排原汁拌饭 + 韩国泡菜

难易程度 ★★★☆☆
孩子参与度 ★★☆☆☆

🥄 牛排原汁拌饭 🍴

○材料○

牛排1块
白米饭1碗

○调料○

黑椒汁100毫升
（多数超市有售）
黄油80克
胡椒粉10克
盐1/2小匙
料酒1大匙

○做法○

1. 牛排洗净，用胡椒粉、盐、料酒腌制20分钟。

2. 不粘锅置火上，放入70克黄油，熬至黄油化开。

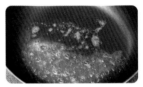

3. 放入牛排，先煎至一面上色，再翻面煎至另一面上色。

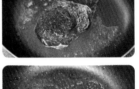

4. 另取一锅，加入10克黄油熬至化开，加入黑椒汁，炒香后淋在牛排上，出锅，与米饭拌食。

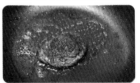

🥄 韩国泡菜 🍴

○材料○

大白菜1棵，香葱1棵，蒜2瓣

○调料○

白糖20克，韩式糖稀50克，辣椒粉50克，盐1/2 小匙，姜汁10毫升，香油1小匙

○做法○

1. 白菜洗净，切小块，加盐腌渍15分钟；香葱洗净，切丝；蒜洗净，切末。

2. 白菜挤出水分，加入葱丝、蒜末、白糖、姜汁，搅拌均匀。

3. 然后加入韩式糖稀、辣椒粉，用手抓拌均匀。

4. 最后淋入香油，盛盘后即可食用。

深海鳕鱼秘制原味拌饭+姜丝腐乳空心菜

难易程度 ★★★☆☆
孩子参与度 ★★☆☆☆

深海鳕鱼秘制原味拌饭

○材料○

鳕鱼250克
姜1块
白米饭1碗
面粉100克

○调料○

日式烧汁10毫升
（多数超市有售）
盐1/2小匙
黑胡椒粉10克
食用油1大匙
黄油20克

○做法○

1. 鳕鱼洗净；姜洗净，切末。

2. 鳕鱼拍一薄层面粉，放入加了油并烧热的平底锅中煎一下，撒盐，盛出备用。

3. 炒锅内放入黄油，加热至化开，倒入姜末、黑胡椒粉炒出香味。

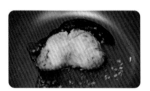

4. 倒入日式烧汁，烧开后加入开水，放入煎好的鳕鱼略微烧一下，即可与米饭拌食。

姜丝腐乳空心菜

○材料○

空心菜300克，姜1块

○调料○

腐乳50克，食用油1大匙

○做法○

1. 姜切丝；空心菜洗净，去掉老叶，切成段。

2. 锅内放入油，烧热后倒入姜丝炒香，放入切好的空心菜段，翻炒均匀后加入腐乳，再次炒匀即可出锅。

清洗空心菜最好用流水，能将菜叶清洗得更干净。

烹调妙招

煎鳕鱼时火不要太大，小火慢煎，成品不会碎，味道也更香。

烹调妙招

大虾原味拌饭 + 果仁菠菜

🥄 大虾原味拌饭 🍴

○材料○

大虾3只
姜1块
葱1段
白米饭1碗

○调料○

料酒1大匙
酱油、蚝油各1小匙
白糖、盐各1/2小匙
色拉油1大匙

○做法○

1. 姜和葱均切丝。大虾洗净,开背,去虾线。

2. 锅里倒入色拉油,放入姜丝爆香,把大虾放进去煎一下,然后烹入料酒,取出备用。

3. 锅底留油,放入葱丝,倒入蚝油、酱油,撒白糖、盐后,加入水,放入煎好的大虾。

4. 烧开后小火煨一下收汁,即可与米饭拌食。

🥄 果仁菠菜 🍴

○材料○

菠菜300克,花生米 50克

○调料○

盐1/2小匙,米醋1/2小匙,海鲜酱油1小匙,食用油1大匙

○做法○

1. 菠菜择洗干净,切成小段;花生米入油锅炸熟,捞出备用。

2. 菠菜下到开水锅中焯烫熟,捞出冲凉后放入盆中。加入花生米、米醋、盐、海鲜酱油调味即可。

菠菜不能烫得太熟。水开入锅,待水再开的时候即可捞出。

烹调妙招

222

最好选用新鲜的大虾。如果用冰冻大虾，解冻不要用水泡，提前拿出来放在冷藏室就可以了。

烹调妙招

三文鱼原汁拌饭 + 清炒西葫芦

难易程度 ★★★☆☆
孩子参与度 ★★☆☆☆

🔍 三文鱼原汁拌饭 🍴

○ 材料 ○

带皮三文鱼250克
柠檬1/2个
白米饭1碗
小辣椒1个

○ 调料 ○

料酒30毫升
黄油30克
蚝油20毫升
黑胡椒粉10克
盐1/2小匙

○ 做法 ○

1. 三文鱼洗净，用黑胡椒粉、盐腌入味；小辣椒洗净，切圈。

2. 将三文鱼用平底锅煎至两面金黄，皮朝下的状态下烹入料酒，盖上锅盖，焖一下后出锅。

3. 锅内放黄油化开，放入小辣椒、蚝油、盐，加适量水。

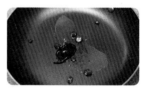

4. 烧开后挤入柠檬汁，放入煎好的三文鱼小火收汁，与米饭拌食即可。

🔍 清炒西葫芦 🍴

○ 材料 ○

西葫芦200克，红椒1个，葱1段

○ 调料 ○

橄榄油1小匙，盐1/2小匙

○ 做法 ○

1. 西葫芦洗净，切成薄片；红椒洗净，切成小丁备用；葱切成末。

2. 锅中倒入橄榄油，烧热后下葱末炒香，放入西葫芦片翻炒片刻，加入红椒丁、盐调味即可。

香煎鸡蛋拌饭 + 生拌苦苣

难易程度 ★★☆☆☆
孩子参与度 ★★★☆☆

🥄 香煎鸡蛋拌饭 🍴

○ **材料** ○

鸡蛋2个
米饭1碗

○ **调料** ○

美极鲜酱油1小匙
盐1/2小匙
食用油1大匙

○ **做法** ○

1. 鸡蛋磕入碗中，加清水打散，随后放入平底锅中用油煎熟。

2. 在煎熟的鸡蛋上倒入美极鲜酱油和盐，再用小火略煎。

3. 将煎好的鸡蛋连烧汁一起倒在米饭上即可。

🥄 生拌苦苣 🍴

○ **材料** ○

苦苣1小棵

○ **调料** ○

橄榄油1小匙，盐1/2小匙

○ **做法** ○

1. 苦苣择洗干净，控干水。

2. 将苦苣放入盆中，加盐、橄榄油调味。

3. 将拌好的苦苣放入小锅中，与香煎鸡蛋拌饭一起食用即可。

如果家里没有橄榄油，也可以用熟色拉油或香油来代替。

烹调妙招

煎鸡蛋时一定要用小火，否则很容易上演中间还没熟、边上已经煳了的惨剧。

烹调妙招

青酱虾仁拌面 + 彩椒黄瓜沙拉

青酱虾仁拌面

○材料○

虾仁100克

意大利面200克

新鲜罗勒叶60克

松仁30克

蒜2瓣

○调料○

橄榄油1小匙

芝士粉1/2小匙

黑胡椒碎1/2小匙

盐1/2小匙

料酒1小匙

○做法○

1. 松仁均匀地撒在烤盘上，放入烤箱，150℃烤6分钟；蒜剥去外皮；虾仁加少许盐、料酒拌匀，腌制15分钟。

2. 新鲜的罗勒叶洗净放入料理杯里，然后依次放入少量橄榄油、松仁、少许盐、黑胡椒碎、蒜瓣和芝士粉，搅打成糊状的青酱。

3. 锅入水烧开，再加入剩余的橄榄油和盐，下意大利面煮15分钟，然后捞出，迅速过凉水。

4. 锅烧热，放油，再放入虾仁翻炒，等虾仁变颜色了，放入煮好的意面和青酱拌匀，即可。

彩椒黄瓜沙拉

○材料○

红甜椒、黄甜椒、小黄瓜各50克，苦苣1棵

○调料○

沙拉酱30克，柠檬汁20克，盐1/2小匙

○做法○

1. 把沙拉酱、柠檬汁、盐拌匀成沙拉酱料。

2. 红甜椒、黄甜椒均去蒂、去籽，清洗干净，切成小片；小黄瓜洗净，切薄片；苦苣去掉根，洗干净，切段。

3. 食材全部放在沙拉碗里，加入沙拉酱料拌匀就可以了。

红甜椒、黄甜椒均斜着切，切成薄一点的片，更容易入味。

烹调妙招

意大利面提前用清水泡两个小时，会更容易煮熟。

烹调妙招

酸汤番茄牛肉面 + 穿心莲

🥄 酸汤番茄牛肉面 🍴

○ **材料** ○

牛腩 300 克

鲜手擀面250克

番茄1个

姜2片

葱2段

○ **调料** ○

米醋、料酒各20毫升

生抽、老抽各1小匙

盐1/2小匙

肉蔻1个

番茄酱1大匙

大料2个

○ **做法** ○

1. 牛腩洗净，切成小块，汆烫后捞出；番茄剥掉皮，切块。

2. 油锅烧热，放入大料、肉蔻、葱段、姜片翻炒片刻，加入牛腩，依次烹入料酒、老抽、生抽，倒入砂锅中，加水，大火烧开后中火炖 30 分钟。

3. 炒锅烧热，入番茄块，慢炒出沙，入番茄酱炒匀，加入烧好的牛腩，继续炖煮，等汤汁浓稠时调入盐、米醋，出锅装入汤碗中。

4. 汤锅内加入水，烧开后下入手擀面煮熟，盛入汤碗中。

🥄 穿心莲 🍴

○ **材料** ○

穿心莲100克

○ **做法** ○

1. 将穿心莲去掉烂叶，洗净。

2. 将洗好的穿心莲用开水焯烫后捞出。

穿心莲不要焯烫得太熟，以免损失过多的营养物质。

烹调妙招

3. 将穿心莲直接放入盛面的碗里，用番茄牛肉面的汤汁拌着同吃。

筋饼菜卷

难易程度 ★★★★★
孩子参与度 ★★☆☆☆

材料

面粉100克
猪肉50克
土豆1个
胡萝卜1/2根
青椒1个
水发木耳50克
鸡蛋1个
小葱2棵

调料

盐3/4小匙
料酒2小匙
生抽1小匙
胡椒粉1/4小匙
色拉油1大匙

为了保证筋饼柔软不干，饼皮要擀到足够薄，锅要热，烙制时间要短。

烹调妙招

做法

1. 面粉中加50克凉水，揉成光滑柔软的面团；猪肉切丝；土豆去皮，切丝，用清水洗几遍，捞出沥水；胡萝卜去皮，洗净，切丝；水发木耳洗净，切丝；青椒洗净，切丝。小葱洗净，切葱花。

2. 鸡蛋加盐充分打散，摊成蛋皮，切成丝。

3. 油锅烧热，放入肉丝，炒至变色；下入葱花炒香，淋入料酒、生抽炒匀，倒入胡萝卜丝和木耳丝，

炒1分钟，倒入土豆丝和青椒丝，炒2分钟，调入盐和胡椒粉，炒匀，出锅。

4. 面团分切成6等份，擀成薄薄的饼皮。

5. 平底锅烧热，将饼皮烙一下。饼皮鼓泡即可翻面，出锅后马上用干净的棉布盖好。

6. 摊开一张饼皮，铺上炒好的蔬菜丝、蛋皮丝，紧紧地包裹起来即可。

孩子巧动手

孩子配合着做饼皮，饼皮出锅后孩子就帮忙马上盖上棉布，不过，要注意安全，不要烫着手。

鸡腿蘑菇牛奶炖饭

难易程度 ★ ★ ★ ☆ ☆
孩子参与度 ★ ★ ★ ☆ ☆

○材料○

鸡腿2个
什锦蘑菇1盒
米饭1碗
牛奶120毫升
柠檬1/2个

○调料○

橄榄油1小匙
盐1/2小匙
胡椒粉1/4小匙
法香碎1/5小匙

○做法○

1. 鸡腿去骨，鸡腿肉加入盐、胡椒粉，挤入柠檬汁，腌30分钟入味。

2. 什锦蘑菇洗净，将小蘑菇去蒂，大蘑菇切片，加入盐和橄榄油拌匀。

3. 煎锅置火上，刷上少许橄榄油，放入鸡腿肉煎至两面呈金黄色。

4. 放入蘑菇，同鸡腿肉一起煎至上色。

5. 米饭中加入盐，再加牛奶拌匀，将煎好的鸡腿肉切小块，和蘑菇一起与米饭拌匀，撒上法香碎，将米饭放入预热至180℃的烤箱下层，焗烤10分钟即可。

米饭中加入牛奶后，可适当泡一会儿，这样焗烤出来的米饭奶香味儿更浓郁。

烹调妙招

孩子巧动手

让孩子帮忙往米饭中倒牛奶吧，参与劳动后的食物，吃起来更香。

干炒牛河

难易程度 ★★★☆☆
孩子参与度 ★☆☆☆☆

烹调炒招

如果不能颠锅，可以用筷子翻炒，一定不要用锅铲翻炒，不然很容易把河粉炒碎。

○ 材料 ○

沙河粉600克，韭黄120克，黄豆芽120克，新鲜牛肉150克，鸡蛋清1/4个

○ 调料 ○

小苏打粉1/8小匙，料酒1/2大匙，蚝油1大匙，生抽4大匙，老抽2小匙，白糖1.5小匙，盐1小匙，植物油2大匙，香油1小匙，水淀粉1大匙

○ 做法 ○

1. 牛肉切成薄片，加小苏打粉拌匀，腌制30分钟，依次加入料酒、蚝油、2大匙生抽、水淀粉、鸡蛋清拌匀，腌制10分钟后加香油拌匀。

2. 韭黄洗净，切成段。黄豆芽切除根部，备用。

3. 取一小碗，放入白糖、2大匙生抽、老抽、1/4小匙盐调匀，备用。

4. 炒锅烧热，倒入植物油，放入牛肉片滑炒至变色，再放入黄豆芽和韭黄段炒匀，最后放入河粉翻炒至上色，加盐调味，颠炒均匀即可。

L'il Critters

小熊心语：

　　看着孩子健康成长会让父母感到幸福、骄傲和快乐，但孩子生病时，同样会给父母带来焦虑。特别是学龄阶段的孩子一旦生病，不仅会影响健康，还会耽误学业。这个时候，父母需及时将孩子送到医院医治，给予密切观察……更要给孩子科学合理的饮食护理，这样孩子才能快快好起来。下面，我给家长们推荐一些孩子常见病的食疗方，希望能给大家带来帮助。

——风寒感冒

Q 风寒感冒的症状是什么？

A 孩子如果出现以下症状，说明孩子有可能得了风寒感冒，要引起足够的重视，如果严重了，要及时到医院就诊。

1. 嗓子疼　　　　　　　2. 流清鼻涕

3. 鼻塞　　　　　　　　4. 打喷嚏

5. 咳嗽　　　　　　　　6. 头痛

7. 畏寒怕冷

Q 得了风寒感冒的孩子，如何为其安排饮食？

A 得了风寒感冒的孩子，在饮食上需注意以下几点。

饮食原则	适宜吃的食物	不宜吃的食物
饮食宜清淡稀软：感冒的孩子脾胃功能会受影响，而稀软清淡的食物易于消化吸收，可减轻脾胃负担	白米粥、牛奶、玉米面粥、米汤、烂面条、蛋汤、藕粉糊等流质或半流质饮食	油腻厚味的食物
多饮温开水：感冒后大量饮水可以促进血液循环，加快体内代谢废物的排泄	温开水、温粥	凉水、冷饮
多吃蔬菜、水果：蔬菜、水果能促进食欲，帮助消化，补充人体需要的维生素和矿物质，补充身体由于患感冒而消耗的能量	膳食纤维含量丰富的蔬菜、水果，如芹菜、菠菜、小白菜、火龙果、猕猴桃等，也可多食生姜、葱白等帮助发汗的食物	含糖量高的蜜饯、甜品

葱姜红糖水

难易程度 ★★☆☆☆

○材料○

葱1根，姜1块

○调料○

红糖20克

○做法○

1. 葱剥去外皮，保留葱须，清洗干净。

2. 葱洗完之后，将靠近葱根处纯白色的部分切下。

3. 姜洗干净，切成片。

4. 把切好的葱白和姜片一起放进锅里，倒入清水，水要没过葱白和姜片，盖好锅盖，开大火煮沸后转成小火继续煮10分钟。

5. 放入红糖，边煮边轻轻搅拌至糖化，然后关火，把葱白与姜片捞出，即可。

 **功效**

适合感冒且伴有畏寒、流清水涕的孩子服用。

洋葱鸡肉炒蘑菇

难易程度 ★★★☆☆

○ 材料 ○

洋葱1个

口蘑300克

鸡肉100克

青椒1个

香葱1根

姜1块

○ 调料 ○

植物油1小匙

蒸鱼豉油1小匙

白糖10克

盐1/2小匙

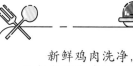

新鲜鸡肉洗净，放在冰箱冷冻室里冻15分钟左右，当感觉肉变硬时拿出来，就很容易切片了。

烹调炒招

○ 做 法 ○

1. 鸡肉切片；青椒洗净，去蒂、籽，切成小块；洋葱洗净，切成跟青椒差不多大小的块。

2. 口蘑洗净，切片，放入开水中焯烫，捞出，沥水。

3. 香葱洗净，切末，姜洗净，切末。

4. 油锅烧热，放入葱末和姜末，翻炒出香味，放入鸡肉片翻炒到变色，加入口蘑片，淋入蒸鱼豉油。

5. 加入洋葱块和白糖，继续翻炒，待洋葱的颜色变得透明时放入青椒块，加盐调味，即可。

 功效

洋葱是常见的养生食材，它有排毒杀菌的作用，又是增强免疫力的能手，还能缓解风寒感冒的症状。

——风热感冒

Q 风热感冒的症状有哪些?

A 孩子如果出现以下症状,说明有可能得了风热感冒,要引起足够的重视。如果严重了,要及时到医院就诊。

　　1.发热,但是怕冷、怕风的症状不明显;

　　2.口唇很红,舌尖很红;

　　3.口臭,咽喉痛或干;

　　4.咳嗽声重,还可能会有黏稠黄痰;

　　5.眼屎多;

　　6.黄浓鼻涕;

　　7.扁桃体红肿;

　　8.口发干,想喝水。

Q 孩子得了风热感冒,应该注意什么?

A 孩子患上风热感冒,需注意以下几点。

注意事项	宜	不宜
多饮水	多饮温热的白开水,补充水分,促进体内代谢废物排泄	最好不要喝碳酸饮料或其他过于甜腻的饮品
多吃软食	饮食要清淡,多吃一些软面条、白粥等流食或半流食	喝鱼汤、鸡汤等过于油腻的汤
补营养	多吃蔬菜、水果以增进食欲,帮助消化,还能补充身体需要的维生素和矿物质	如果将蔬菜、水果榨成汁饮用,不要再加糖
勤通风	打开窗户,呼吸室外新鲜空气,同时保持室内空气流通	最好是吹自然风,不要长期开着空调
适穿衣	衣服要宽松、舒适,根据时令气候和天气预报及时添减衣服	不能穿得太多,以免孩子捂着

薄荷粥

★ ★ ☆ ☆ ☆

○ **材料** ○

薄荷15克，粳米50克

○ **调料** ○

冰糖20克

○ **做 法** ○

1. 将薄荷洗干净，放入锅中，加1碗水，煮成薄荷水，备用。

2. 砂锅中放入洗好的粳米，加水，煮成粳米粥。

3. 粳米粥中加入薄荷水，再次煮开，调入冰糖，即可。

功效

孩子感冒发烧时胃口差，没食欲，用薄荷与粳米、冰糖一起熬粥喝，既能促进出汗，祛除热邪，又有健脾护胃、增进食欲的作用，对感冒发烧期间的孩子来说最为适宜。

菊花清热粥

○材料○

干菊花15克，粳米60克

○调料○

冰糖20克

○做法○

1. 粳米淘洗干净，提前泡3~4个小时。

2. 干菊花研成细粉。

3. 将粳米放入砂锅中，加清水，大火煮开后改小火煮30分钟。

4. 加入菊花粉，再煮5分钟，加冰糖调味，即可。

 功效

菊花加粳米煮粥食用能缓解风热感冒时的发烧症状。

青柠檬薄荷茶

★★☆☆☆

○ **材 料** ○

青柠檬1个，薄荷10克

○ **调 料** ○

蜂蜜1小匙

○ **做 法** ○

1. 找一个大点儿的容器，倒入1000毫升凉开水。

2. 取几片薄荷叶子，用厨房剪刀把薄荷叶剪成小片，然后放入备好的凉开水中浸泡 1 小时。

3. 青柠檬洗干净，然后切两片薄片，放入薄荷水中浸泡30分钟。

4. 调入蜂蜜，搅匀，即可。

薄荷有清热的作用，能缓解风热感冒所致的发热、头痛等症状。孩子感冒后胃口差，没食欲，用薄荷与青柠檬、蜂蜜一起泡水喝，既能促进发汗，祛除热邪，又有健脾护胃、增进食欲的作用，对风热感冒初期的孩子来说最为适宜。

绿豆芽脆爽沙拉

○ **材料** ○

银耳1朵

芹菜50克

绿豆芽50克

红甜椒1个

○ **调料** ○

盐1/2小匙

白糖10克

白醋1/2小匙

橄榄油1小匙

○ **做 法** ○

1. 银耳用清水泡发，冲洗干净，撕成小朵。

2. 芹菜洗干净，切成斜段；绿豆芽洗净，沥去水；红甜椒洗净，去蒂、籽，切丁。

3. 锅内烧水，水开后放一点盐，再放入银耳、芹菜段和绿豆芽，焯烫熟，捞出沥水。

4. 将处理好的银耳、芹菜和绿豆芽放入盆中，加红甜椒丁，放盐、白糖和白醋拌匀，淋橄榄油，拌匀，即可。

芹菜很嫩的话，可以不焯烫，直接洗净后生吃也没问题。

烹调妙招

功效

孩子风热感冒时常会出现喉咙痛、小便发黄、大便干燥等上火的症状，适当吃一些芹菜和绿豆芽能缓解上述症状。

发烧

Q 发烧的症状有哪些?

A 孩子发烧时最为明显的一个特征就是体温升高,体温超过37.5℃,同时脸会发红,家长用手背试一下孩子的额头,可以清楚地感受到孩子的体温升高了,最准确的方法是用温度计测量孩子体温。

Q 孩子为什么会发烧?

A 很多家长都以为发烧是生病了,只要把烧退了,孩子的病也就好了。这种认知可是大错特错了。实际上,发烧并不是一种具体的疾病,它只是一种症状,也可以说是一个信号,表示有病原体正在侵袭人体,而孩子的身体正在与病原体进行搏斗,阻止病原体的进一步入侵。

Q 孩子发烧时,需要注意什么?

A 孩子发烧了,家长要在以下方面对孩子进行照顾,帮助孩子退烧,早日恢复健康:

1.孩子在发高烧时,家长应用干净毛巾帮助孩子擦拭眼屎,并滴些眼药水,以免引起角膜感染。

2.想办法让孩子进食,而且少食多餐,以清淡粥食为主。

3.督促孩子多喝白开水,增加排尿次数。

4.注意给孩子适时添减被子,不要让孩子着凉,也不能捂得太紧。

5.室内注意通风换气,不要有穿堂风,最好不开空调,自然通风就好。

Q 孩子发烧了，应该怎么吃？

A 孩子发烧了，饮食很关键，可以参考下表进行调养。

宜			不宜		
多补水	对于发热的孩子来说，补水的重要性胜过用药	米汤、牛奶、果汁、绿豆汤等	油腻饮食	孩子发烧时，胃肠功能多少会受到一些影响，所以油腻、生冷、过硬的食物，最好不让孩子吃	炖肉、烧鸡、卤肉等
吃清淡食物	孩子发烧时，饮食应尽量清淡稀软，这类食物容易消化，不会增加孩子的胃肠负担	家长不妨给孩子做些菜粥、清淡的小菜，对促进康复有帮助	吃甜食	孩子发烧期间，甜食最好不要食用，这类食物会增加孩子的消化负担	糖葫芦、拔丝香蕉等

Q 出现哪些情况需要马上带孩子去医院？

A 如果孩子出现以下情况，家长要马上带孩子去医院检查，请医生处理。

◎ 一开始发热就超过39℃。

◎ 发烧24小时以上，体温仍然超过38.5℃。

◎ 体温超过39℃，且伴有头疼、呕吐等症状。

◎ 发烧时精神不好、烦躁、嗜睡，面色发黄或灰暗。

◎ 出现皮疹或者出血点。

◎ 发烧，伴有剧烈头疼，脖子发硬，频繁呕吐，不能进食。

◎ 发烧时有明显的腹泻，甚至出现黏液脓血便。

◎ 高热发生惊厥。

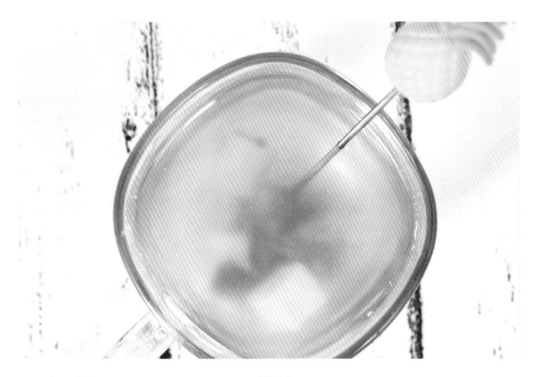

三根饮

★ ★ ★ ☆ ☆

○ 材料 ○

白茅根30克，葛根30克，芦根30克

○ 做 法 ○

1. 白茅根、葛根、芦根均洗净，放入砂锅中，加水泡15分钟。

2. 大火煮开后，改小火煮20分钟，即可。

功效

当孩子发烧初起，且出现口干舌燥、小便炽热、大便干燥等热象时，可以给孩子服用三根饮。

白菜绿豆水

○ **材 料** ○

白菜帮100克，绿豆50克

○ **调 料** ○

冰糖10克

○ **做 法** ○

1. 绿豆洗净，加清水浸泡2小时。

2. 将白菜帮洗净，切片。

3. 锅中加入清水，放入绿豆煮至五分熟。

4. 放入白菜帮煮熟，加冰糖调味即可。

功效

　　白菜绿豆水有清热解毒的功效，对缓解发热有较好的疗效。孩子发热时，尤其是发热伴腹泻、呕吐时，容易因体内流失大量水分而导致脱水，这时更应注意水分的补充，可适当多喝温开水、蔬菜汤、苹果汁、大麦茶等。

甘草薄荷饮

(难易程度) ★★★☆☆

○材 料○

薄荷叶5克，甘草1根

○调 料○

冰糖10克

○做 法○

1. 薄荷叶洗净，甘草洗净切片。

2. 锅内加入3碗水，烧开后放入甘草和薄荷叶，大火煮3分钟。

3. 加入冰糖搅拌直至冰糖化开，再转小火煮2分钟。

4. 捞出薄荷叶和甘草，即可。

 功效

薄荷具有较好的清热功效，此方适合发烧的孩子饮用。

双花饮

难易程度 ★★★☆☆

○ **材 料** ○

金银花25克，菊花25克，山楂
30克

○ **调 料** ○

蜂蜜10克

○ **做 法** ○

1. 金银花、菊花、山楂均洗净，山楂切片。

2. 将金银花、菊花、山楂放入锅内，加入
   水，大火烧开后改用小火煎煮25分钟，用
   滤网过滤，去渣留汁。

3. 蜂蜜放入净锅中，用小火加热至微黄色、
   可拉出丝的状态，然后缓缓倒入熬好的药
   液内，搅拌均匀即可。

 功效

本方适用于消化不良、积食引起的发烧。

咳嗽

Q 孩子咳嗽的常见原因有哪些?

咳嗽原因	特点	伴随症状	应对措施
普通感冒引起的咳嗽	为刺激性咳嗽,刚开始无痰,随着感冒的加重可出现咳痰的情况	嗜睡,流鼻涕,有时可伴随发烧,体温不超过38℃;精神差,食欲不振	咳嗽严重时给孩子适当吃感冒药或止咳药,具体用药应遵医嘱
流行性感冒引起的咳嗽	喉部发出略显嘶哑声的咳嗽,有逐渐加重趋势,痰由少至多,也由稀变浓	常伴有反复发热,持续3~4天;呼吸急促,精神较差,食欲不振等	立即就医,遵医嘱用药,给孩子多喝温开水
过敏性咳嗽	持续或反复发作的剧烈咳嗽,阵发性发作,夜间咳嗽严重,痰液稀薄,呼吸急促	常伴有鼻塞、皮肤长疹子、打喷嚏等过敏症状	对家族有哮喘及其他过敏性病史的孩子,发生咳嗽时应格外注意,及早就医诊治
肺炎	咳嗽持续时间长,严重者咳嗽时可出现气喘、憋气、口周青紫等	常伴有发热、呕吐、腹泻、呼吸急促等症	及时就医,遵医嘱用药,必要时住院输液

Q 孩子咳嗽就要上医院吗?

A 可以在家解决的咳嗽情况:

1. 孩子咳嗽不严重,很可能是早晚天气比较凉,刺激支气管而引起的。

2. 孩子虽然咳嗽,但没有发热的情况,精神也不错,咳嗽的症状并不严重,多是普通感冒或扁桃体炎引起的,家长需要让孩子多喝水,清淡饮食。

需要及时就医的咳嗽情况:

1.咳嗽很厉害,呼吸困难,可能是孩子误吞花生、药丸、纽扣等而堵住气管导致的。

2. 孩子咳嗽严重,伴有喘鸣、高热、呼吸困难、呕吐、脸色发紫等症状,有可能是肺炎或支气管炎导致的,应立即就医。

孩子咳嗽时，需要哪些营养素？

营养素	作用	食物推荐
维生素A	强化免疫系统功能，并能保护或修复呼吸道上皮细胞，改善咳嗽	鸡肝、鸭肝、猪肝、羊肝、牛肝等动物肝脏
B族维生素	增强体力，提高免疫力，阻挡异物入侵呼吸道	糙米类、全麦面粉、豆类、绿叶蔬菜
维生素C	抗病毒，抗细菌感染，缩短感冒引起的咳嗽的病程	卷心菜、芦笋、青椒等蔬菜，橘子、橙子、番石榴等水果
维生素E	增加抗体，清除引起咳嗽的病毒，对呼吸系统疾病有防治作用	莴笋、菠菜等深绿色蔬菜，黑豆、大豆等豆类，小麦、糙米等谷类，小麦胚芽油、大豆油等油类，以及核桃、腰果等坚果

Q 孩子咳嗽了，应该怎么吃？

A 孩子咳嗽了，应遵循以下饮食原则：

宜			不宜		
清淡易消化的食物	饮食要清淡，选择富有营养并易于消化和吸收的食物	菜粥、面片汤、羹汤之类	含盐、糖量高的食物	过咸或过甜的食物，会加重消化负担，不宜食用	咸鱼、咸肉、糖饼等
新鲜蔬菜、水果	尤其是含有胡萝卜素的蔬果，还可给人体补充足够的矿物质及维生素	番茄、胡萝卜等	寒凉食物	咳嗽让孩子免疫力降低，此时不宜吃冷饮等寒凉食物	冰淇淋、冰镇西瓜等
水	充足的水分可帮助稀释痰液，便于咳出	温开水（不能用各种饮料来代替）	辛辣食物	辛辣食物会刺激咽喉部，使咳嗽加重	辣椒、生洋葱等

烤金橘

○ 材料 ○

金橘1～2个

○ 做 法 ○

1. 将金橘冲洗干净，放在50℃左右的温水中泡3分钟，用纸巾把金橘表面的水擦干。

2. 净锅置火上，把金橘放进去，小火慢慢加热。

3. 用铲子不停地翻炒使金桔受热均匀，至金橘微焦、冒出热气并伴有橘香味即可。

 功效

金橘加热后有润肺化痰的功效，特别适合脾胃虚寒的孩子食用。相反，如果孩子肝火旺盛，那么是不适合吃烤金橘的，建议吃鲜金橘。

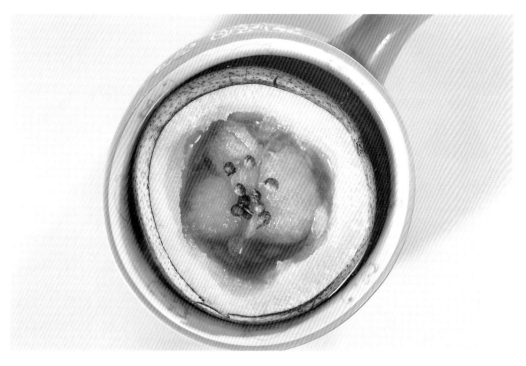

花椒蒸梨

难易程度 ★★★★★

○材料○

梨1个，花椒20粒

○调料○

冰糖10克

○做法○

1. 梨洗净，横着切开，挖去核。

2. 放入花椒、冰糖。

3. 再把梨对拼好放入碗中，上锅蒸半小时左右即可。

 功效

　　花椒蒸梨对治疗普通感冒引起的咳嗽效果非常明显，但有的孩子不喜欢花椒的味道，如果孩子实在不肯吃的话只能换用他法。

银耳红枣甘草羹

○ 材料 ○

干银耳1朵，红枣3颗，枸杞、干百合各10克，甘草2片

○ 调料 ○

冰糖20克

○ 做 法 ○

1. 干银耳和干百合分别浸泡1个小时左右。

2. 把泡发好的银耳去掉杂质和根部的硬块，用清水冲洗干净，撕成小朵；百合用清水洗净；枸杞和甘草均洗净；红枣洗干净，去核。

3. 砂锅中加适量清水，放入全部食材，盖好盖子，大火烧开后改成小火煮40分钟。

4. 加冰糖，等到冰糖全部化开，即可。

功效

　　甘草性平味甘，有良好的润肺、止咳、祛痰功效，搭配滋阴润肺的银耳、补血益气的红枣和疏肝气的枸杞，既能帮助孩子缓解咳嗽，还能增强体质，提高免疫力。

川贝雪梨水

○材料○

中等大小雪梨1/2个，川贝10粒

○调料○

冰糖20克

○做法○

1. 雪梨洗净，去皮、核，切块。

2. 川贝洗净，用刀将其压碎。

3. 川贝放入砂锅中，加适量清水，大火煮开后改小火，煮1小时。

4. 加入雪梨、冰糖和少许水，再用小火煮20分钟即可。

此方可润肺、止咳、化痰。

杏仁山楂饮

 ★★☆☆☆

○材料○

杏仁30克，山楂80克

○调料○

冰糖20克

○做 法○

1. 山楂洗净，去核，切块。

2. 杏仁洗净，用清水泡30分钟。

3. 砂锅置火上，加适量清水，放入山楂块、杏仁，大火煮开后转小火煎煮30分钟。

4. 放入冰糖，去渣取汁，倒入碗中，搅匀，即可。

功效

杏仁对感冒引起的咳嗽或者急性支气管炎引起的咳嗽，都能起到很好的缓解作用。

雪梨百合羹

难易程度 ★ ★ ★ ☆ ☆

○ **材 料** ○

百合1个，雪梨1个

○ **调 料** ○

冰糖10克

○ **做 法** ○

1. 将雪梨去核，连皮切碎。

2. 百合洗净，用清水泡20分钟。

3. 雪梨碎和百合放入砂锅，加2碗清水，大火煮开后改小火，煮15分钟。

4. 加冰糖煮至雪梨、百合熟烂即可。

 功效

　　这款羹汤可化痰止咳，适用于咳嗽、痰黄稠、咽喉不适的孩子食用。需要注意的是，百合中含有秋水仙碱，具有一定的毒性，一定不要生吃，但秋水仙碱不耐热，加热之后就可以放心食用了。

荸荠胡萝卜雪梨水

难易程度 ★ ★ ★ ☆ ☆

○材料○

荸荠200克，胡萝卜1根，雪
梨1个

○调料○

冰糖10克

○做法○

1. 荸荠洗净，去皮，切成小块。

2. 雪梨洗净，带皮切成与荸荠大小相同的块。

3. 胡萝卜洗净，切成块。

4. 砂锅加适量清水，大火烧开，放入荸荠块、雪梨块、胡萝卜块，盖好锅盖，开大火烧开，改成小火，煮30分钟。

5. 加冰糖，待糖化开，即可。

 功效

荸荠可清热止咳，雪梨可止咳平喘，它们都是咳嗽时常用的食疗佳品。荸荠、雪梨对于肺燥咳嗽、风热感冒咳嗽具有较好的止咳效果。

川贝罗汉果雪梨羹

难易程度 ★★★☆☆

。材料。

雪梨1个，川贝母粉1克，罗汉果1/2个

。调料。

冰糖20克

。做法。

1. 将雪梨洗净，在距梨把三分之一处用刀切开，分成两半。大的部分用勺子把中间挖出一个洞，就成了一个梨盅，小的部分是梨盅的盖子。

2. 罗汉果洗净，切开，取一半塞入梨盅里，再把川贝母粉倒在里面，放入冰糖，盖好盖子，在盖子边缘自上而下扎几根牙签，将梨盅和盖子固定在一起。

3. 蒸锅里放入水，开大火烧开，把梨放在一只大碗里，放入蒸锅中，隔水蒸30分钟即可。

 功效

　　川贝能润肺、止咳、清热化痰，再搭配甜甜的罗汉果和清甜的雪梨，止咳的效果棒棒的。雪梨和罗汉果适合肺热咳嗽和风热感冒咳嗽的孩子食用。

冰糖蜂蜜白萝卜

难易程度 ★★ ☆ ☆ ☆

◦材料◦

白萝卜1根

◦调料◦

冰糖15克

蜂蜜15克

◦做法◦

1. 白萝卜洗净，去皮后切成5~6厘米长的段。

2. 把每段白萝卜中心挖一个圆洞，注意底部不要挖穿。

3. 把冰糖分别放在每段萝卜的圆洞里。

4. 萝卜段竖立放在盘中，放进蒸锅隔水蒸30分钟，然后取出，凉至温热后再浇上少许蜂蜜，即可。

挖萝卜洞可用挖球器或是小勺子，轻一点，挖得浅一点，慢慢转一圈，就可以挖出一个合适的小圆洞了。

烹调妙招

功效

　　白萝卜清甜可口，又富含膳食纤维，能促进肠胃蠕动，有助于排出身体里的毒素，它含有的维生素C有助于增强机体的免疫功能，帮助孩子提高抗病能力，还有助于减轻咳嗽症状。孩子咳嗽的时候用萝卜配蜂蜜，可清肺止咳。

腹泻

Q 孩子为什么会腹泻？

Ⓐ 当孩子出现腹泻时，重点是找出腹泻的原因，而不是单纯地止泻。

儿童腹泻原因及症状

病毒感染——大便呈黄稀水样或蛋花汤样，量多，每天腹泻5次以上，还常伴有呕吐、发热、腹痛等症状。

细菌感染——每天腹泻5次以上，腹泻前常有阵发性腹痛，肚子里"咕噜"声增多，常伴有发热、精神差、全身无力等。

食物过敏——稀黏黄色或黄绿色大便，严重的带有血丝样红色便，有可能发展为痢疾、肠炎，常伴有呕吐、发热等症状。

通常急性发作，容易导致脱水、低血钾等水电解质紊乱的情况

消化不良——大便粪质稀薄，每天大便次数超过3次，粪便中常有未消化完的食物、气味很臭，常伴有腹胀、肠鸣等症状。

腹部受凉——1天大便次数超过4次，呈稀烂状，大部分没有其他并发症。

感冒——有的孩子感冒时有可能出现腹泻，症状比较轻，呕吐、腹胀、肠鸣等胃肠道反应也相对较轻。

有的呈急性发作，也有的慢性迁延，应寻根究底，对症治疗

Q 腹泻时要禁食吗？

Ⓐ 有的家长认为孩子腹泻了就应该让胃肠道休息，不吃东西就不拉了。这种做法是错误的！即使不吃不喝，胃依旧分泌胃酸，肠道依旧分泌肠液，在饥饿状态下它们反而会让胃肠蠕动更快，腹泻有可能因此而加重。而且，不让孩子吃东西，他就得不到足够的营养来为身体自我修复提供支持，甚至生长发育都会受到影响。所以，在孩子腹泻期间，家长仍要给孩子安排好饮食。

当然，也有特殊情况，比如在急性水泻期间，应遵医嘱暂时禁食，让孩子的肠道

完全休息，必要时给孩子输液。等孩子过了急性期，或者是医生说可以给孩子吃东西时再准备食物。

Q 孩子腹泻了，应该怎么吃？

A 孩子腹泻了，更需要补充营养，家长可以参考下表。

宜			不宜		
流质食物	在孩子腹泻初期	清淡的流质食物，帮助孩子补充水分和维生素，预防脱水，维持体内水电解质平衡。如温的鲜榨果汁、米汤、菜汤、面片汤等	容易胀气的食物	在腹泻初期和状症严重时	容易胀气的食物，可使胃肠蠕动增强而加重腹泻。如牛奶、酸奶、黄豆、韭菜、火龙果、桑葚、豆腐等
半流质食物	在孩子腹泻症状缓解后	低脂、细软、容易消化的半流质食物，帮助孩子补充营养，恢复体力。如小米粥、藕粉羹、烂面条等	高蛋白食物	在腹泻期间	腹泻期间肠道的功能很弱，摄入高蛋白食物可加重腹泻。如鸡蛋、鱼、肉、虾等
半流质食物或软食	在腹泻基本停止后	低脂少渣的半流质食物或软食，逐渐过渡到正常饮食。如面条、粥、馒头、软米饭等	纤维含量高的水果和蔬菜	在腹泻期间	可促进肠胃蠕动，加重腹泻。如香蕉、芹菜、西瓜、红薯、山药、土豆、南瓜等

蒸苹果

难易程度 ★★☆☆☆

○材料○

苹果1个

○做法○

1. 将苹果洗净，用刀削去苹果把儿，挖出苹果核，再纵向把苹果切成橘子瓣儿一样的块。

2. 选一只和苹果大小相仿的小碗，把切好的苹果块依原样拼合好，放入小碗内。

3. 把装有苹果的小碗放在笼屉内，盖好锅盖，大火烧开后再蒸5分钟左右。

4. 取出小碗，将苹果扣进盘子里，晾至温热，即可。

 功效

　　苹果中的鞣酸是肠道收敛剂，它能减少肠道黏液分泌而使大便内水分减少，从而止泻。果胶是个"多面手"，生果胶有软化大便、缓解便秘的作用，熟的果胶则有收敛、止泻的功效。

胡萝卜苹果炒米羹

难易程度 ★★★☆☆

○ 材料 ○

大米50克，胡萝卜1/2根，苹果1/2个

○ 做法 ○

1. 平底锅用微火烧干，放入大米，用铲子不断地翻炒，一直炒到大米的颜色微微变黄，能闻到米的香味时关火，将炒好的大米盛出来。

2. 砂锅中加500毫升水，将大米倒入锅中，用大火烧开，改成小火慢熬30分钟。

3. 把胡萝卜和苹果分别清洗干净，削去外皮，切成小块，分别放入搅拌机里打碎。

4. 大米熬好后放入胡萝卜碎和苹果碎拌匀，继续煮10分钟即可。

 功效

炒米羹是辅助止泻的良品。季节交替的时候，孩子容易胃口差、腹泻，可以适当给他吃点儿炒米羹。

白术糯米粥

难易程度 ★ ★ ★ ☆ ☆

○ 材料 ○

糯米30克，白术12克

○ 做法 ○

1. 将糯米放入干净的空炒锅中，小火稍微炒一炒。

2. 白术洗净，加水煮15分钟，去渣取汁。

3. 白术汁放入砂锅中，加入炒好的糯米，大火煮开后改小火，煮30分钟，煮成粥即可。

 功效

白术对于脾虚导致的腹泻、面色发黄、形神疲倦、食欲不振等症，都有很好的缓解作用。

乌梅葛根汤+鸡内金山药糯米粥

难易程度 ★★★☆☆

○**材料**○

乌梅10个，葛根片10克，鸡内金1个，山药片30克，糯米50克

○**做法**○

1. 将乌梅、葛根片分别洗净。

2. 将乌梅、葛根片放入砂锅，加250毫升水，大火煮开后改小火煮20分钟。

3. 取出乌梅、葛根片，即得乌梅葛根汤。

4. 将鸡内金、山药片分别炒香，研成末后混匀。

5. 取5克鸡内金山药粉，放入砂锅中，加清水。糯米洗净，也放入砂锅中，大火煮开后改小火煮50分钟，即可。

功效

每天一次，病好为度。适用于脾虚引起的腹泻。

Q 什么是便秘，对身体有什么危害？

A 便秘是指大便干燥、坚硬、秘结不通、排便时间间隔久，或虽有便意而排不出。便秘是让人很痛苦的一件事，看到孩子被便秘折磨，家长肯定又心疼又着急。如果孩子便秘不及时治疗的话，不仅会影响食欲和营养的吸收，更有可能影响孩子的记忆力和智力的发育。

Q 如何通过饮食缓解便秘？

A 孩子要少食多餐，就算没有便秘，也要做到这一点。因为孩子的胃容量小，每次吃不了太多的食物，但孩子精力旺盛，活动量大，几乎每3~4小时就需要给其补充饮食。家长可以把孩子每日所需的营养，分成三顿正餐和两顿副餐来供给。

副餐可以选择一些富含营养的食品，如酸奶、杏仁、腰果等。这些食物不仅含有优质蛋白质及脂质，还有软便润肠的作用，是孩子理想的能量补给来源。家长可将酸奶加水果丁做成果粒酸奶给孩子食用；也可将杏仁磨碎加点燕麦、葡萄干，用水冲泡给孩子当饮料喝。

Q 如何帮孩子养成良好的饮食习惯从而防治便秘？

A 很多便秘的产生都是由不良的饮食习惯引起的，为了让孩子不得便秘，或者缓解便秘，就要让孩子养成并保持良好的饮食习惯。

1. 平时多喝水，多吃蔬菜水果，能为身体补充大量的水分，有助于保持大便通畅。

2. 适当多吃一些粗粮、杂粮。粗杂粮含有丰富的膳食纤维，可以促进肠蠕动。

3. 养成每日喝酸奶的习惯。酸奶可以补充益生菌，调节肠道中的菌群。

4. 饮食不宜太清淡。饮食过分清淡，少油少脂，时间久了，会使肠道中的残渣缺乏脂肪的润滑而出现排便困难。

Q 孩子便秘了，应该吃哪些食物？

A 孩子便秘了，给孩子准备的食物量要少，要少量多餐。

食物种类	宜吃原因	举例
蔬菜水果	蔬菜水果是膳食纤维的良好来源，而且蔬菜水果还含有大量的水分，能帮助孩子润滑肠道，促进排便	菠菜、芹菜、茭白、空心菜、黄瓜、番茄等蔬菜，苹果、香蕉、火龙果、猕猴桃、草莓等水果
杂粮	杂粮往往含有大量的B族维生素和膳食纤维，可促进肠道肌肉张力的恢复，加快胃肠蠕动，对通便很有帮助	玉米、全麦粉、糙米、红豆、绿豆、扁豆等
坚果	坚果提供的脂肪有润滑肠道的作用	核桃、腰果、黑芝麻等

Q 孩子便秘时不宜吃哪些食物？

A 以下食物在孩子便秘期间不宜吃：

忌吃食物	忌吃原因
糯米	糯米不容易消化，可使大便更加坚硬，不易排出
辣椒	辣椒属于强烈刺激性食物，会使孩子便秘加重
羊肉	羊肉会消耗胃肠道津液，使便秘加重
柿子	柿子含有鞣酸，食用后可影响肠液的分泌而加重便秘
高糖食物	糖分可减弱胃肠道的蠕动，加重便秘的症状，所以孩子便秘期间不要给他吃糖果、蛋糕、巧克力等含糖高的东西
荔枝	荔枝含糖量高，孩子便秘时最好不吃
油炸食品	该类食品缺乏水分和膳食纤维，容易引起便秘

麻油菠菜

难易程度 ★★★☆☆

○**材 料**○

菠菜200克

○**调料**○

芝麻油1小匙，盐1/3小匙

○**做 法**○

1. 菠菜择去老叶，去根，洗净。

2. 锅内加适量水烧开，将菠菜放入开水中，焯烫2分钟，捞出过凉水，挤去多余水分，放入盘中。

3. 加入芝麻油和盐拌匀即可。

 **功效**

芝麻油具有较好的润肠通便的作用，菠菜富含不溶性膳食纤维，有利于粪便形成，并能刺激肠道蠕动，对于习惯性便秘的孩子来说，可经常食用。

什锦蔬菜粥

难易程度 ★ ★ ★ ☆ ☆

○材料○

小米100克，红薯100克，菠菜50克

○做法○

1. 将小米洗净，浸泡20分钟。

2. 红薯洗净，去皮切成小丁。

3. 菠菜洗净，沥干水，切碎，备用。

4. 把小米和红薯放入砂锅中，加适量清水，大火烧开后改小火，煮30分钟。

5. 放入菠菜，再煮开后关火，即可。

 功效

　　红薯本身就具备润肠通便的作用，再加上膳食纤维含量丰富的菠菜，润肠通便效果更佳。

玉米脊骨汤

材料

猪脊骨500克
玉米1根
胡萝卜1根

调料

盐1/2小匙

做法

1. 猪脊骨洗净，斩成小块。锅内注入5碗清水，烧开后放入脊骨汆烫3分钟，取出，冲洗干净。

2. 汤锅洗净，重新注入10碗清水，放入猪脊骨。

3. 玉米洗净，切成小段。胡萝卜刮去表皮，洗净切成段，与玉米一起放入锅中。

4. 加盖，大火煮开后转中小火炖煮约60分钟（炖煮过程中用汤匙将锅内浮沫捞起），煲至汤量剩5碗左右时，加入盐即可。

选购玉米时，最好选新鲜甜玉米，这样煲出来的汤清甜可口。

烹调妙招

干煸芹菜

难易程度 ★ ☆ ☆ ☆ ☆

○ 材料 ○

嫩芹菜300克
猪绞肉120克
新鲜红椒2个
生姜2片
大蒜3瓣
葱白1小根

○ 调料 ○

料酒2小匙
生抽1大匙
白砂糖1小匙
盐1/8小匙
豆豉5克
植物油1大匙

○ 做法 ○

1. 芹菜去根，择去菜叶，洗净，芹菜梗切成长段，再劈开成细丝状。豆豉、生姜、大蒜、葱白分别剁碎。红椒切圈。

2. 炒锅烧热，放入1/2大匙植物油，冷油放入芹菜，中火煸炒1分钟，盛出备用。

3. 净锅置火上，放1/2大匙植物油烧热，放入猪绞肉，小火煸炒至呈现微黄色、出油。

4. 加入豆豉、姜、葱、蒜、红椒圈，小火炒出香味。

5. 加入生抽、白砂糖、料酒炒至均匀上色。加入炒好的芹菜梗，调入盐，大火翻炒均匀即可。

炒芹菜时间不宜过长，否则会失去爽脆的口感。

烹调妙招

油焖茭白

难易程度　★ ★ ☆ ☆ ☆

○ 材 料 ○

茭白300克

香葱1根

新鲜红椒1/2个

大蒜1瓣

生姜1片

○ 调 料 ○

盐1/8小匙

生抽1/2大匙

老抽1/2大匙

白砂糖1小匙

水淀粉1大匙

植物油1/2大匙

○ 做 法 ○

1. 茭白洗净，用削皮刀将茭白表皮削净，切成滚刀块。大蒜、葱白、生姜切碎。葱绿切段。红椒切丝。

2. 锅内烧开水，放入茭白汆烫30秒，捞出沥水。

3. 锅烧热入油，放入茭白段，用中火煸炒。煸至表面有些微黄时，放入葱、姜、蒜炒香。

4. 加入盐、生抽、老抽、白砂糖及少量清水，加盖，用小火焖5分钟。待锅中剩余少量汤汁，倒入水淀粉勾芡。

5. 最后加入葱绿段及红椒丝，翻匀出锅即可。

水不要加太多，焖烧的时间也不能太长，这样才能保证茭白脆嫩的口感。

烹调妙招

四喜烤麸

〇 材 料 〇

烤麸2块（约120克）

干香菇8朵

黑木耳10克

金针菜20克

花生仁120克

桂皮1小块

八角1颗

香叶1片

生姜2片

葱白2根

〇 调 料 〇

盐1小匙

生抽2大匙

老抽1.5大匙

冰糖45克

香醋1/2大匙

植物油2大匙

烤麸是面制品，要把里面的酸味全部洗去再烹饪，味道才更好。

烹调妙招

〇 做 法 〇

1. 干香菇用温水泡发。黑木耳、金针菜、花生仁分别用冷水泡半小时。烤麸用冷水泡1小时至软。

2. 锅内加水烧开，放入烤麸煮10分钟，捞起过冷水，挤干水分。

3. 黑木耳撕成小朵。香菇对半切开。金针菜剪去根。烤麸切成小方块。

4. 平底锅内入2大匙油，冷油放入桂皮、八角、香叶、生姜、葱白，炒出香味。放入烤麸块、香菇块，小火翻炒，炒至烤麸表面呈微微的焦黄色。

5. 下花生仁、黑木耳、金针菜，倒入泡香菇的水，再加清水，使水没过所有食材。

6. 加入盐、生抽、老抽、冰糖，大火煮开。加盖，小火煮至汤汁将收干，出锅前淋上香醋即可。

283

香蕉大米粥

难易程度 ★ ★ ☆ ☆ ☆

○材料○

香蕉1根，大米100克

○做法○

1. 大米淘洗干净，放入砂锅中，加适量清水，大火煮开后改小火，煮30分钟。

2. 香蕉剥去皮，切成薄片，然后放入粥内搅匀，继续煮10分钟即可。

功效

香蕉是润肠通便的好食材，与大米一起煮粥效果更佳。

肺炎

Q 为什么家长要特别当心孩子是否得了肺炎?

A 肺炎是一种常见的呼吸道疾病，很多孩子都得过肺炎，如果治疗不彻底，很容易反复发作，引起多种严重并发症，甚至还可能留下后遗症，因此一提起肺炎，家长都谈虎色变。

肺炎是儿童常见病中比较严重的一种，早发现、早治疗很重要。但是，肺炎早期的症状不明显，与感冒的症状也很相似，有些家长甚至医生都会把肺炎当成普通感冒来治，结果延误了治疗，反而使病情更加严重。

Q 孩子得了肺炎，哪些食物不要吃?

A 孩子得了肺炎，在饮食上要给予营养丰富、易于消化的食物，以下食物不宜吃:

食物类型	不宜原因	举例
辛辣食物	辛辣食物刺激性大，容易加重肺炎症状	辣椒、洋葱、胡椒、辣椒油等
甜食	得肺炎的孩子如果吃糖多，体内白细胞的杀菌作用会受到抑制，从而加重病情	糖果、蛋糕、饼干等
油腻厚味食物	饮食过于油腻厚味，会影响消化功能，以致抗病力降低	松花蛋黄、蟹黄、凤尾鱼、鲫鱼子、动物内脏等
生冷食物	食用生冷食物容易刺激支气管，使肺炎症状加重，疾病也难痊愈	凉西瓜、冰淇淋、冰果汁、冰糕、冷饮等

火龙果银耳雪梨汤

难易程度 ★ ★ ★ ☆ ☆

○材料○

火龙果1个，银耳30克，雪梨200克，青豆15克，枸杞15粒

○调料○

冰糖20克

○做法○

1. 银耳泡发，择洗干净，撕成小朵；火龙果取果肉切块；雪梨去皮去核，切块。

2. 将火龙果块、雪梨块同银耳、冰糖一起放入砂锅中，加清水，大火煮开后改小火，煮1个小时。

3. 另取锅，将青豆和枸杞煮熟，捞出备用。

4. 将炖好的汤稍晾后盛入碗中，撒上青豆、枸杞即可。

 功效

火龙果含丰富的维生素C和膳食纤维，可促进肠蠕动，有清肠、通便的功效；雪梨可除烦解渴，清肺润燥；银耳能补脾开胃，滋阴润肺，增强免疫力。孩子常饮此汤，可预防肺炎。

胡萝卜鸡蛋羹

（难易程度）★ ★ ★ ☆ ☆

○材 料○

胡萝卜1根，鸡蛋1个，牛奶50毫升

○调 料○

盐1/2 小匙

○做 法○

1. 鸡蛋打入碗中，加入少许盐搅拌均匀。

2. 再倒入牛奶，搅拌均匀。

3. 胡萝卜洗净，切碎。

4. 将胡萝卜碎放入牛奶鸡蛋液中搅匀，放入锅中蒸 15分钟即可。

 功效

　　胡萝卜具有健脾消食、润肠通便的作用；鸡蛋可滋阴润燥、补虚养血；牛奶富含蛋白质、钙。经常给孩子食用此羹，可起到健脾养胃、滋阴润肺的作用，对预防肺炎有帮助。

大蒜粥

难易程度 ★★★☆☆

○**材料**○

紫皮大蒜30克，粳米100克

○**做 法**○

1. 紫皮大蒜去皮，洗净。

2. 将大蒜瓣放入开水中，煮10分钟，捞出。

3. 将粳米洗净，放入煮蒜水中，大火煮开后改小火，煮50分钟。

4. 将蒜放入粥内，再煮5分钟，即可。

 **功效**

此粥适用于肺炎的孩子服用。

湿疹

Q 孩子得了湿疹，有哪些症状？

类型	主要症状	特别说明
渗出型湿疹	刚开始时脸颊出现红斑，随后红斑上长出针尖大小的水疱，并有渗液。渗液干燥后形成黄色的痂，抓挠、摩擦使部分痂剥脱，可出现有大量渗液的鲜红糜烂面	属于急性湿疹，病程 2~3 周，但容易转为慢性，且反复发作
干燥型湿疹	脸部、额头等部位出现淡红色的斑、丘疹，皮肤干燥，没有水疱、渗液，表面有灰白色糠状鳞屑。病情严重时，胸腹、后背、四肢等部位也有可能出现湿疹	属于慢性湿疹，但常急性发作，病程比较长，有的几个月，有的甚至长达好几年

Q 孩子得了湿疹，哪些食物吃不得？

A 患了湿疹的孩子，应避免或减少食用鱼、虾、蟹等海鲜和刺激性较强的食物。凡是有可能引起过敏或加重湿疹的食物，孩子都要远离。

忌吃食物	食物举例	忌吃原因
致敏食物	鱼、虾、蟹、贝等海鲜类，蚕豆以及牛肉、羊肉、鸡、鸭、鹅等荤腥类食物	有的孩子对海鲜、蚕豆过敏，要特别留意；而某些荤腥类食物，可加重湿疹
辛辣刺激性食物	葱、大蒜、生姜、辣椒、花椒等	这些食物刺激性强，可加重湿疹

Q 孩子得了湿疹，应该如何调节饮食？

A 家长在平时就要注意孩子的饮食，避免孩子过胖，因为肥胖的孩子患湿疹的可能性更大。如果孩子得了湿疹，要给孩子多吃清淡、易消化、含有丰富维生素和矿物质的食物，这样可以调节孩子的生理功能，减轻皮肤过敏反应。经过必要的药物治疗，搭配合理的饮食，孩子的病情一定会尽快好转。

杂粮银耳汤

难易程度 ★★★☆☆

○材料○

银耳25克

嫩玉米粒75克

薏米25克

莲子 25克

枸杞数粒

○调料○

冰糖粉1大匙

水淀粉1大匙

○做法○

1. 银耳放入凉水中泡发，去蒂后撕成小片。

2. 砂锅置火上，倒入适量清水煮沸，放入薏米、莲子和银耳。

3. 用小火炖半小时至汤汁有黏性，加入嫩玉米粒煮熟。

4. 加入冰糖粉煮化。

5. 用水淀粉勾玻璃芡，撒入枸杞，搅匀后煮至沸腾，原锅上桌即成。

银耳一定要用凉水泡发，一次不要泡太多，够吃就行。

烹调妙招

功效

薏米含有丰富的B族维生素，可以减轻湿疹的皮肤过敏症状。

加仑果味冬瓜球

难易程度 ★★★☆☆

○材料○

黑皮冬瓜800克

黑加仑500克

○调料○

蓝莓酱1大匙

白糖1小匙

蜂蜜1小匙

苹果醋1/2大匙

○做法○

1. 黑加仑洗净，放入搅拌机中榨成汁，倒入保鲜盒，放入蓝莓酱、白糖、蜂蜜、苹果醋搅拌均匀。

2. 冬瓜洗净，削去外皮，用挖球器将冬瓜肉挖成小球形。

3. 锅中放清水烧开，将冬瓜球煮熟，放入冰水中降温，沥水。

4. 将煮好的冬瓜球浸入黑加仑汁中，盖严。

5. 浸泡至冬瓜球进味儿，即可。

黑加仑是一种深紫色的小浆果，清洗的时候一定要小心，不然容易弄破。

烹调妙招

功效

黑加仑含有非常丰富的维生素C、磷、镁、钾、钙、花青素、酚类物质。冬瓜味甘性寒，有利尿、清热、化痰、解渴等功效，对湿疹也有不错的辅助疗效。这道冬瓜球一方面补充维生素C，促进湿疹表面皮肤痊愈，另一方面利用冬瓜清热解毒的功效，辅助湿疹痊愈。

菠菜清汤米线

 ★ ★ ★ ☆ ☆

○材料○

菠菜200克，米线1把，猪肉丝
50克，大蒜2瓣

○调料○

盐1/2小匙，芝麻油1/2小匙，
橄榄油1小匙

○做法○

1. 菠菜去掉根和老茎，洗净，沥水；大蒜切片
   备用。

2. 锅中放清水烧开，将菠菜焯烫1分钟，过冷水
   降温，充分沥水，切段。

3. 锅中放橄榄油烧热，放蒜片炒香，下猪肉丝
   翻炒。

4. 加入清水，烧开后放入菠菜。

5. 放入米线，搅散，待米线煮熟后放盐调味，
   淋芝麻油即可。

 功效

　　孩子长湿疹期间也要补充营养，容易消化吸收的菠菜清汤米线就很不错。
米线富含碳水化合物，猪肉可以提供优质蛋白质，菠菜含有丰富的维生素、矿
物质以及膳食纤维等，搭配食用，营养均衡。

根据季节调饮食 平安度过换季期 第七章

小熊心语：

　　孩子在四季的变换中成长，春夏秋冬也在见证着孩子一天天的变化。春季乍暖还寒，夏季天气炎热，秋季多风干燥，冬季天气寒冷，孩子如何应对四季环境变换呢？家长不必担心，照料好孩子的饮食，就能让孩子健康度过四季。

充足的营养。

春季风和日丽，万物复苏，是孩子生长最快的时候，家长可以给孩子吃一些富含钙和维生素的食材，例如虾皮、海鱼、贝类、海带、虾类、绿色蔬菜、牛奶、豆制品等，以保证孩子得到

荷塘小炒

难易程度 ★★★☆☆
孩子参与度 ★★☆☆☆

○ **材料** ○

莲藕100克，山药100克，胡萝卜100克，黑木耳10克，荷兰豆50克，葱碎1小匙，姜碎1小匙

○ **调料** ○

盐1/4小匙，水淀粉1大匙，植物油1/2大匙

○ **做法** ○

1. 黑木耳用冷水泡发，去蒂，撕成小朵。山药、莲藕削去皮，洗净。莲藕切圆片。山药、胡萝卜切菱形片。荷兰豆洗净，切去两端。

2. 锅内烧开一锅水，放入少许盐、油，加入莲藕、山药、胡萝卜汆烫1分钟。再加入黑木耳、荷兰豆，汆烫30秒，捞起。汆烫过的蔬菜放入凉开水中过凉，控干水分。

3. 炒锅里烧热油，放入葱、姜炒出香味。加入汆烫后控干的蔬菜，调入盐，大火爆炒1分钟。加入水淀粉勾薄芡，出锅即可。

什锦炒白菜

难易程度 ★★☆☆☆
孩子参与度 ★★☆☆☆

煎肉的时候用小火，才能慢慢把油脂煎出来；炒白菜的时候要大火快炒，否则白菜很容易出水。

烹调妙招

○材料○

大白菜帮200克，五花肉200克，粉丝30克，黑木耳10朵，胡萝卜1/3根，芹菜梗2根，生姜2片，大蒜2瓣，葱白2根

○调料○

盐1/4小匙，蚝油1/2大匙，生抽1大匙，香油1小匙，白砂糖1小匙，陈醋2小匙，植物油1大匙

○做法○

1. 所有材料洗净。黑木耳和粉丝分别用凉水泡发，粉丝泡软后剪短。胡萝卜切丝。白菜帮切丝。芹菜梗切段。五花肉切薄片。黑木耳切小朵。葱、姜、蒜切碎。

2. 炒锅烧热，放入少许油，加入五花肉片，用小火煸炒至出油。加入葱、姜、蒜炒出香味，放入胡萝卜丝和黑木耳。加入白菜丝，调入盐、蚝油、生抽、白砂糖，大火炒至白菜变软。

3. 加入粉丝、芹菜段，再翻炒1分钟，加入香油、陈醋即可出锅。

菠菜煎饼

难易程度 ★★★☆☆
孩子参与度 ★★☆☆☆

○ 材料 ○

菠菜200克
鸡蛋2个
面粉100克

○ 调料 ○

盐1/2 小匙

○ 做法 ○

1. 将菠菜去根、清洗干净，放入开水锅中焯烫一下，捞出沥干。

2. 将焯过的菠菜放入搅拌机中，加入一杯水，搅拌成菠菜汁。

3. 将菠菜汁倒入一个容器内，加入面粉、鸡蛋和盐，用筷子调成面糊。

4. 平底锅烧热，放入少量油，转中火，盛一勺面糊倒入锅中，一面煎熟后翻面，直到两面煎熟，即可。

蔬菜放入开水中焯烫可以去除一部分草酸，草酸过多会影响钙的吸收。

烹调妙招

孩子巧动手

可以让孩子帮着拌面糊，也可以在菠菜面糊里加上胡萝卜、香菇等食材。

香菇肉丸

○ 材料 ○

猪绞肉250克

水发香菇5朵

荸荠5个

生姜2片

香葱3根

○ 调料 ○

生抽4大匙

盐1/4小匙

料酒1大匙

黑胡椒粉1/4小匙

十三香粉1/8小匙

玉米淀粉2大匙

香油1大匙

植物油1/2大匙

白糖1/2大匙

荸荠不要切得太碎，颗粒要大些，这样吃起来才有爽脆的口感。

烹调妙招

○ 做法 ○

1. 香菇用冷水浸泡1小时至变软。荸荠削去表皮，洗净。香菇和荸荠均切成黄豆大的碎粒。

2. 香葱部分切葱花，剩余切丝。姜切丝。葱丝和姜丝加清水制成葱姜水。

3. 将葱姜水分次加入猪绞肉内，每次都要用筷子搅拌至吸收。

4. 猪绞肉内继续加入盐、料酒、小匙黑胡椒粉、小匙十三香粉、2大匙生抽、1.5大匙玉米淀粉，搅拌至起胶。再加入香菇碎、荸荠碎、香油，搅拌均匀。

5. 用手将绞肉挤成肉丸子，摆放在大盘上，放入蒸锅，大火蒸10分钟后取出。

6. 锅内加入植物油、白糖、剩余2大匙生抽和1大匙清水，烧至白糖化开，加入水淀粉勾芡，煮至汤汁浓稠，淋在蒸好的肉丸上，撒葱花即可。

照烧牛肉饭

难易程度 ★★☆☆☆
孩子参与度 ★★☆☆☆

○ 材料 ○

火锅肥牛片200克

洋葱1/2个

胡萝卜1/2根

西蓝花50克

熟米饭1碗

蒜2瓣

生姜10克

○ 调 料 ○

生抽2大匙

老抽1/2小匙

料酒3大匙

白糖3/4大匙

色拉油1/2大匙

洋葱不要炒得太软，以免影响口感。西蓝花焯水至断生即可，保持色泽翠绿。

烹调妙招

○ 做 法 ○

1. 胡萝卜去皮洗净，用模具做成花形。西蓝花洗净，掰成朵。洋葱去皮，洗净，切成条。大蒜切片。生姜切丝。将所有调料（色拉油除外）放入碗内混合均匀，做成料汁。

2. 锅入油，冷油放入洋葱条、蒜片、姜丝炒香。

3. 将调好的料汁倒入锅内，大火烧开后放入肥牛片，炒匀。

4. 锅再次烧开后转小火，烧至汤汁浓稠、快收干时盛出，放在米饭上。

5. 将胡萝卜片、西蓝花放入开水中焯熟，捞出，摆放在碗边即可。

彩椒三文鱼串

○ **材料** ○

三文鱼肉150克，青椒、黄彩椒、红彩椒各1/2个

○ **调料** ○

柠檬汁1/2小匙，盐1/5小匙，黑胡椒粉1/4小匙，蜂蜜1小匙，橄榄油1大匙

○ **做 法** ○

1. 三文鱼肉用凉开水冲洗干净，擦干，切成小方块。青椒及两种彩椒均去蒂除籽，切成块。

2. 鱼肉块加盐、蜂蜜、柠檬汁，腌制15分钟。

3. 用竹扦将青椒块、彩椒块、三文鱼肉块交叉串好。

4. 烤盘内铺锡纸，刷橄榄油，放入三文鱼串并刷上橄榄油。

5. 烤箱预热至250℃，三文鱼串单面烤2分钟，翻面再烤2分钟，撒上黑胡椒粉即可。

 孩子巧动手

可以让孩子参与清洗蔬菜及鱼块腌制过程。

粤式白灼虾

难易程度 ★★★☆☆
孩子参与度 ★☆☆☆☆

○ 材料 ○

鲜虾200克，姜1块，香葱2根

○ 调料 ○

料酒1小匙，盐1/4小匙

○ 做法 ○

1. 姜洗净，切片；香葱洗净，打成结；虾洗净，剪去须、脚，挑去虾线。

2. 锅内倒入清水，加入姜片、香葱结、料酒，大火烧开。

3. 放入处理好的虾，中火煮1~2分钟。

4. 水开后，马上捞出虾，沥干水。

5. 搭配喜爱的调味汁一起上桌，蘸食即可。

孩子巧动手

让孩子参与将香葱打成结和剪去虾须、虾脚的备料步骤。

夏季天气炎热，是孩子消耗体能最多的季节。此时孩子应多吃清淡消暑的食品，如绿豆、苦瓜、丝瓜、西瓜翠衣、菊花等。同时为保证蛋白质的摄入量，宜选择含有丰富优质蛋白质的食物，如精猪肉、鱼肉、禽肉等。

豆豉烧冬瓜

难易程度 ★★★★☆
孩子参与度 ★☆☆☆☆

○ 材 料 ○

冬瓜500克，豆豉10克，青椒1个，大蒜2瓣

○ 调 料 ○

高汤1大匙，盐1/2小匙，植物油1小匙

菜里放了豆豉，就不要再放酱油了，不然烧出来的菜黑乎乎的。

烹调妙招

○ 做 法 ○

1. 冬瓜去皮，切成方块，在表皮打上1厘米深的花刀。

2. 青椒去蒂、籽，切成小块；大蒜去皮切块。

3. 锅入油烧热，放入冬瓜煎至表面呈微黄色。将冬瓜块拨到一边，再放入豆豉、大蒜煸炒至出香味。

4. 倒入高汤，大火煮开后加盖转小火焖至冬瓜软烂，调入盐，放入青椒块，煮至青椒断生即可。

土豆沙拉

○ 材料 ○

土豆350克，三明治火腿120克，黄瓜60克，胡萝卜50克，鸡蛋2个

○ 调料 ○

沙拉酱5大匙，盐1/4小匙

土豆要加热至可以压成粉状的程度。鸡蛋一定要完全煮熟，溏心蛋不容易切碎。

烹调妙招

○ 做 法 ○

1. 胡萝卜、黄瓜均洗净去皮，切小薄片；火腿切丁。

2. 土豆去皮，洗净，切块，放入微波容器内，加盖大火加热5分钟，取出放凉。

3. 将蒸好的土豆块放入食品袋内，用擀面杖擀成泥。

4. 锅入水烧开，放入胡萝卜焯熟，捞出沥干。

5. 鸡蛋冷水下锅，煮熟，捞出，去壳，切成细末。

6. 将处理好的所有材料放入碗内，加入沙拉酱、盐，搅拌均匀。加盖，放入冰箱冷藏2小时后食用，味道更佳。

焦糖牛奶炖蛋

难易程度 ★★★★★
孩子参与度 ★☆☆☆☆

材料

小个鸡蛋2个
鲜牛奶1盒

调料

绵白糖20克
白砂糖80克
清水60毫升
热开水20毫升

煮焦糖时一定要
用小火慢煮，煮到呈
褐色时立即离火，以
免余温把焦糖烧煳了。

烹调妙招

做法

1. 绵白糖20克加鲜牛奶搅拌几下，静置5分钟。

2. 将2个鸡蛋在盆内打散，倒入加糖的鲜牛奶，搅拌均匀，至完全看不到白糖颗粒。

3. 拌好的蛋奶液用网筛过滤到另一个碗内。

4. 再将蛋奶液倒入耐热瓶内，盖上保鲜膜，放入烧开水的蒸锅中。盖锅盖，用极小的火蒸8~10分钟，蒸好的炖蛋表面还能微微晃动。

5. 小锅内放入白砂糖80克、清水60毫升，小火慢煮，边煮边用汤匙搅动，煮至变成焦糖色时熄火，趁热加入20毫升热开水拌匀，放凉。

6. 将放凉的焦糖浆倒在炖蛋上即可。

西芹百合炒腰果

○ 材料 ○

西芹100克

百合、胡萝卜、腰果各50克

○ 调料 ○

盐1/4小匙

橄榄油2大匙

炸腰果时一定要用冷油、小火，一边炸一边翻动，以免炸糊。腰果炸好后要彻底放凉，才会酥脆。

烹调妙招

孩子巧动手

可以让孩子帮着把百合分成瓣，最后给菜撒上炸好的腰果，再端盘上桌。

○ 做法 ○

1. 西芹、百合、胡萝卜分别洗净。

2. 百合切去头、尾，分成瓣；西芹择洗净，切丁；胡萝卜去皮，切小薄片。

3. 锅内倒入油，冷油放入腰果小火炸至酥脆，捞出沥净油。

4. 锅留底油烧热，放入胡萝卜片、西芹丁，大火翻炒约1分钟。

5. 再放入百合，调入盐，大火翻炒1分钟后盛出，撒上腰果即可。

丝瓜肉末汤

○ 材料 ○

猪绞肉100克

嫩丝瓜1条

鸡蛋1个

○ 调料 ○

细盐1/2小匙

白胡椒粉1/2小匙

将煮开的水倒入肉末中，先将肉烫至半熟，再倒入锅内煮，这样肉就不会煮得太老。

烹调妙招

○ 做法 ○

1. 丝瓜去皮，先切成段，再切成薄片。猪绞肉加1/4小匙盐拌匀，静置10分钟。鸡蛋打散成蛋液。

2. 锅内烧开4碗水，放入丝瓜片，中火煮至变软。

3. 用汤匙从锅内盛出2大匙开水，冲入绞肉碗内，用筷子调匀。

4. 将调好的绞肉连汤汁一起倒入锅内，用中火煮至肉变色（约1分钟）。

5. 保持中火，加入盐调味，再倒入蛋液。

6. 蛋花煮熟后熄火，撒入白胡椒粉即可。

秋季天气渐凉，多风干燥。要多给孩子吃新鲜水果和蔬菜，如柑橘、桃、秋梨等，同时增加芝麻、牛奶、蜂蜜、核桃、红枣的摄入，可起到润肺养血的作用。还可给孩子吃银耳、白萝卜、百合等食物，可润肺去燥、抗过敏，预防感冒、腹泻等。

萝卜焖牛腩

难易程度 ★★★☆☆
孩子参与度 ★★☆☆☆

○ 材料 ○

新鲜牛腩500克，白萝卜1根

○ 调料 ○

老抽2小匙，花椒10颗，生抽、米酒、香油、植物油各1大匙，冰糖6颗，白胡椒粉1/4小匙，柱侯酱2大匙，大葱1根，桂皮1根，生姜1块，大蒜5瓣，八角3颗，香叶3片

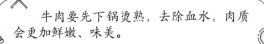

牛肉要先下锅烫熟，去除血水，肉质会更加鲜嫩、味美。

烹调炒招

○ 做法 ○

1. 牛腩切块，氽烫，水再次开后即可将牛肉块捞起。

2. 炒锅内烧热植物油，放入葱、姜、蒜、花椒、八角、桂皮、香叶，小火煸炒出香味。

3. 加入牛腩、柱侯酱炒匀，加清水（600毫升）、米酒、生抽、老抽、冰糖，加盖，大火煮开后转小火焖90分钟。

4. 白萝卜去皮、切块，放入开水锅中大火煮开，中火煮8分钟，捞起。

5. 待汤汁剩下少许、用筷子能轻松插入肉块中时，加入白萝卜块。再加入香油、白胡椒粉，用小火煮约15分钟，至汤汁浓稠、萝卜上色即可。

西湖牛肉羹

难易程度 ★★☆☆☆
孩子参与度 ★★★☆☆

○材料○

牛肉150克，蘑菇50克，豆腐50
克，鸡蛋1个，香菜2根，香葱1
根，生姜2片

○调料○

盐1/2小匙，白胡椒粉1/4小匙，
水淀粉2大匙

○做法○

1. 牛肉剁成末。蘑菇去蒂，切碎。豆腐切小
   块。香菜、香葱切碎。鸡蛋取蛋清备用。

2. 锅内烧开一锅水，取1汤匙开水放入牛肉
   末碗内，搅匀后倒入漏勺中，沥干血水，
   备用。

3. 将蘑菇碎、豆腐块、姜片放入开水锅中煮
   开。加入牛肉末，煮开。

4. 加水淀粉勾芡，煮至汤变浓稠，拣去姜
   片，调小火，转圈淋入蛋清。熄火后加入
   盐、胡椒粉，撒香菜碎和香葱碎即可。

牛肉末如果直接下锅煮，就会粘连在一起，很难散开。先用少量开水烫
一下，不但可以把牛肉搅散，还可以去除血水。

烹调妙招

315

茄汁鱼肉丸

难易程度 ★★★☆☆
孩子参与度 ★★☆☆☆

○材料○

鱼肉300克

鸡蛋1个

青甜椒25克

山药25克

葱姜水1大匙

○调料○

番茄酱1小匙

蜂蜜10克

柠檬汁1小匙

植物油8大匙

炸鱼丸的时候油不要太热，也不要一次性放入太多的鱼丸。

孩子巧动手

○做法○

1. 鱼肉剁碎；鸡蛋打散，搅拌均匀；青甜椒洗净，去蒂、籽，切成三角块。

2. 山药洗净后去皮，切块；将山药块放入蒸锅内蒸熟，捣成泥。

3. 山药泥、鱼肉泥以及鸡蛋液倒在一起，朝着一个方向搅拌，使其上劲。

4. 加入葱姜水继续搅拌均匀；将山药鱼肉泥挤成鱼丸，备用。

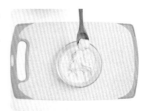

5. 锅中加油烧热，炸熟鱼丸。

6. 另起油锅，放入番茄酱、蜂蜜、柠檬汁炒匀；再倒入鱼丸、青甜椒块翻炒一下即可。

如果孩子不喜欢番茄酱的味道，可以让孩子自己用生抽与老抽调汁，替代番茄酱来调味。

西蓝花鲜虾卷

难易程度 ★★☆☆☆
孩子参与度 ★★☆☆☆

○材料○

鲜虾50克

西蓝花30克

胡萝卜20克

鸡蛋1个

○调料○

淀粉1大匙

盐1/2小匙

橄榄油1大匙

○做法○

1. 鲜虾去头、尾、壳，挑去虾线，用搅拌机搅成虾泥。

2. 西蓝花掰成小朵，洗净，放入开水中焯熟；将西蓝花捞出，切碎，装入碗中备用；将胡萝卜洗净，切碎。

3. 将虾泥、西蓝花碎、胡萝卜碎、盐放入碗中拌匀，制成馅料。

4. 将鸡蛋打散，加入水、淀粉混合均匀。

5. 平底锅烧热，刷一点油，倒入蛋液，小火将蛋饼慢慢煎熟，取出。

6. 将馅料在蛋饼上涂抹均匀，并卷起蛋饼。

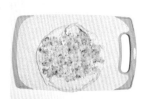

7. 将卷好的蛋饼放入蒸锅中，蒸约15分钟，即可。

煎蛋饼时，放入蛋液后要晃动平底锅，让蛋液在锅底铺平。

烹调妙招

香芋焖鸭

难易程度 ★★☆☆☆
孩子参与度 ★☆☆☆☆

○材料○

整鸭1只（约600克）

芋头500克

姜5片

大蒜8瓣

香葱5段

香菜2根

○调料○

豆腐乳2小块（约15克）

柱侯酱2大匙

蚝油1大匙

料酒1大匙

番茄酱1大匙

白糖1大匙

植物油4大匙

煎鸭块时，要先将鸭块上的水分擦干，以免发生溅油危险。

烹调妙招

○做法○

1. 整鸭治净，剁成块。芋头去皮洗净，切厚片。香菜切碎。将豆腐乳、柱侯酱、蚝油、料酒、番茄酱、白糖放入碗内，调拌均匀，做成酱汁。

2. 锅入油烧热，放入擦干水分的鸭块，小火煎至两面金黄，捞出沥油。锅内再放入芋头，小火煎至两面脆硬，捞出沥油。

3. 锅留底油烧热，放入姜片、大蒜略爆香，再倒入酱汁炒香。放入煎好的鸭块，倒入6碗清水，大火煮开。煮至水剩一半时，捞出鸭块，放凉，切块。

4. 另取一深砂锅，底部铺上煎好的芋头，将鸭块摆在芋头上。

5. 将炒锅内煮剩下的一半汤汁倒入砂锅内。加盖，大火烧开后转小火焖至汤汁收至只剩锅底浅浅的一层，撒香葱段、香菜碎即可。

脆藕炒鸡米

难易程度 ★★★☆☆
孩子参与度 ★★★☆☆

○材料○

新鲜鸡腿2只
黄瓜1/5根
干香菇4朵
胡萝卜1/4根
新鲜莲藕1/2小节
生姜1片

○调料○

生抽2小匙
白糖1小匙
植物油1/2大匙
玉米淀粉2小匙
盐1/8小匙

给鸡腿去骨最好
用厨房剪刀，这样既
方便又不容易伤到手。

烹调妙招

○做法○

1. 将新鲜鸡腿去骨，鸡肉连皮剁成小颗粒状。干香菇用温水浸泡20分钟至变软。

2. 将莲藕、胡萝卜、黄瓜洗净，分别切小丁。香菇切小丁。生姜切成姜蓉。

3. 将生抽（1小匙）、白糖（1/2小匙）、玉米淀粉、盐放入碗中，加入姜蓉、鸡粒调匀，静置腌制30分钟。

4. 炒锅烧热，放入植物油，转小火，放入腌好的鸡粒慢慢煎香，刚开始的时候不要翻动锅子，待鸡粒开始缩小时由底部铲起，小火煎至鸡粒变得有些微黄色、油脂煎出，将鸡粒盛出，油留用。

5. 锅内放入香菇丁炒香，再加莲藕丁翻炒约2分钟，最后加胡萝卜丁、黄瓜丁，调入剩下的生抽、白糖，大火翻炒几下即可出锅。

冬季气候寒冷，营养素应以供给热能为主，可适当多摄取富含糖类、脂肪和蛋白质的食物，如瘦肉、鸡蛋、鱼类、乳类、豆类及乳制品和豆制品等。此外，冬季的食物应以热食为主，以烩菜、炖菜或汤菜等为佳。

草菇滑牛肉

难易程度 ★★☆☆☆
孩子参与度 ★★★☆☆

○ 材料 ○

新鲜牛肉、草菇各150克，蒜蓉、姜蓉、香葱碎各10克

○ 调料 ○

嫩肉粉1/8小匙，水淀粉、生抽、蚝油各1大匙，料酒1小匙，盐1/8小匙，鸡精1/2小匙，色拉油1大匙

○ 做法 ○

1. 将牛肉用嫩肉粉、水淀粉、生抽、料酒拌匀，腌制20分钟。草菇洗净，切块。

2. 锅入油烧至四成热，下入牛肉炒至七成熟，盛出。

3. 锅入水烧开，放入切成块的草菇焯水，捞出沥干。

4. 锅入油，冷油放入姜蓉、蒜蓉、香葱碎炒香。

5. 放入草菇，调入蚝油、盐、鸡精略炒。

6. 再放入炒好的牛肉，翻炒至牛肉熟烂即可。

第一次炒牛肉时，炒至七成熟即可，因为还要第二次下锅炒。

烹调炒招

咸蛋黄烧茄子

难易程度 ★☆☆☆☆
孩子参与度 ★★★☆☆

茄条最好用蒸的方法，更健康，可以在炒茄子的时候适当多放些油，味道更好。

烹调炒招

○ 材料 ○

紫皮长茄子1条（约400克），咸蛋黄4颗，青椒1个，红椒1个，生姜2片，大蒜2瓣

○ 调料 ○

盐1/4小匙，白糖1小匙，陈醋1小匙，高汤50克，水淀粉2大匙，料酒1大匙，植物油2大匙

○ 做法 ○

1. 茄子切成5厘米长的段。大蒜、生姜、青椒、红椒分别洗净，切成碎末。

2. 蒸锅内烧开水，咸蛋黄加料酒，和茄子一起上蒸锅蒸8分钟，然后用汤匙将咸蛋黄压碎。

3. 炒锅加入植物油，烧至三成热时放入姜蒜碎，炒出香味。放入压碎的咸蛋黄，用小火煸炒。

4. 炒至咸蛋黄起泡，加入蒸好的茄条，加入盐、白糖、醋调味。加入青红椒碎，加入高汤（或清水）50克，加盖焖5分钟，临出锅前用水淀粉勾芡。

清蒸狮子头

难易程度 ★★★★☆
孩子参与度 ★★☆☆☆

○ 材料 ○

猪肉300克
荸荠3个
葱白2段
姜1小块

○ 调料 ○

盐1/2小匙
香油、生抽各1大匙
白胡椒粉1/4小匙
玉米淀粉1大匙
水淀粉1大匙

肉丸里加入荸荠
既可以解腻，又能增
加爽脆的口感；也可
以用鲜藕代替荸荠。

烹调妙招

孩子巧动手

可以让孩子帮忙搅拌肉馅，一定要顺着同一个方向搅，肉馅才容易起胶变
紧致。

○ 做法 ○

1. 荸荠去皮，洗净；葱白和荸荠分别切成碎末，
   生姜用研磨器磨成泥，备用。

2. 将猪肉先切成细丁，再粗剁成颗粒状的肉蓉。

3. 将肉蓉、荸荠碎、葱末、姜泥放入碗内，加入
   所有调料（水淀粉除外），再倒入3大匙清水，
   用筷子搅拌至起胶。

4. 取适量肉馅，用手团成球状，再搓成丸子，放
   入深盘内，锅入水烧开，蒸笼上放上盛有肉丸
   子的盘子，加盖大火蒸10分钟。

5. 将盘子里蒸出来的汤汁倒入碗内，加少许水
   淀粉，下锅加热至汤汁浓稠，淋在肉丸表面
   即可。

老妈糖醋排骨

○ **材料** ○

猪肋排500克

○ **调料** ○

陈醋4大匙

白砂糖2大匙

盐1/4小匙

生抽1小匙

老抽1/2小匙

色拉油1大匙

老妈糖醋排骨采用先下醋焖煮的方式，可以让排骨更容易软烂，再下盐和糖，排骨就更容易入味。

烹调炒招

○ **做法** ○

1. 猪肋排斩成小块，用清水浸泡好，放入砂锅中，加适量清水，加盖中火煮约2分钟至排骨变色，捞出排骨，留汤备用。

2. 油锅烧热，放入排骨中火翻炒约1分钟，倒入陈醋，加锅盖，小火焖至醋干。

3. 调入盐、生抽、老抽、白砂糖，放入备用的排骨汤。

4. 小火焖至汤汁浓稠即可。

板栗烧鸡

○ 材料 ○

鸡半只（约500克）

板栗350克

生姜10克

大蒜5瓣

大葱20克

○ 调料 ○

白糖3小匙

生抽1大匙

料酒1大匙

蚝油1.5大匙

植物油2大匙

○ 做法 ○

1. 板栗去皮。鸡斩成小块。大葱切段。生姜切片。

2. 锅内放入油，烧至三成热时放入葱段、姜片、蒜瓣炒出香味，加入鸡块，用小火煸炒出油。

3. 待鸡块表面变得有些微黄时加入板栗，翻炒均匀。加入料酒、生抽、蚝油、白糖，用小火翻炒均匀。

4. 加入热开水，水量要没过鸡块。盖上锅盖，大火烧开，转小火焖25分钟至汤汁浓稠即可。

做这道菜所选用的板栗不要太大，大的不容易入味。如果只能买到大个的，要切成两半后再下锅。板栗要煮至入味、软糯，水量一定要加够，焖煮20~25分钟。

烹调妙招

俄式罗宋汤

○ **材 料** ○

新鲜牛肉500克

白洋葱1/2个

胡萝卜1个

土豆1个

番茄2个

○ **调 料** ○

番茄酱100毫升

盐1小匙

白砂糖1小匙

黑胡椒粉1/2小匙

黄油60克

鲜奶油15克

牛奶100克

面粉20克

牛肉要先煮去血水，而且用量要足，和蔬菜可以是1：1的用量。

烹调妙招

○ **做 法** ○

1. 番茄、胡萝卜、土豆、洋葱分别去皮，洗净，切大块。牛肉切方块。锅入水烧至温热，放入牛肉煮至起泡沫后熄火，把牛肉捞出，冲洗干净。

2. 锅烧热，放入40克黄油小火化开，将胡萝卜块、土豆块、洋葱块放入锅中炒香，盛出备用。

3. 将剩下的黄油在锅内化开，加入面粉炒成团，再加入鲜奶油、牛奶混合均匀，即成奶油白酱。

4. 锅内倒入半锅清水，放入牛肉块，大火煮开后转小火再煮30分钟，放入炒好的蔬菜，继续用小火煮30分钟，加入番茄块，小火煮至牛肉和蔬菜块软烂，放入番茄酱、盐、白砂糖。

5. 加入做好的奶油白酱，调入黑胡椒粉，将汤煮至浓稠即可。

豉汁蒸鲇鱼

难易程度 ★☆☆☆☆
孩子参与度 ★★★★☆

材料

鲇鱼1条（约400克）
生姜2片
大蒜3瓣
香葱2根
新鲜红椒1根
香菜碎少许

调料

豆豉10克
生抽1大匙
白砂糖1小匙
植物油1大匙
香油1/2大匙
白胡椒粉1/16小匙

豆豉和生抽都有咸味，所以不需要再加盐了，但可以稍加些糖，使菜的味道更醇厚。

烹调妙招

做法

1. 生姜、大蒜、红椒切碎。香葱分开葱白和葱叶，切碎。豆豉剁碎。

2. 用斩刀将鲇鱼头部的尖刺斩掉，不然很容易刺伤手。将鲇鱼斩成1.5厘米厚的块状。

3. 炒锅烧热，加入植物油，冷油放入姜、蒜、葱白、红椒碎炒香，再加入豆豉，小火炒出香味，加入生抽、清水（1大匙）、白砂糖、胡椒粉，用小火煮至糖化开，即成豉汁。

4. 将煮好的豉汁倒入碗内，加入鲇鱼块拌匀，腌制15分钟。腌好的鲇鱼排放在平盘内，倒入腌鲇鱼的豉汁，再淋上香油。

5. 蒸锅内烧开水，摆上鱼盘，盖上锅盖，大火蒸约12分钟。蒸好的鱼表面撒上葱叶碎、香菜碎。

腊味煲仔饭

难易程度 ★☆☆☆☆
孩子参与度 ★★★★☆

○ 材料 ○

腊肉1块，广式腊肠2条，小油菜6棵，大米1杯，炒香的萝卜干20克

○ 调料 ○

生抽1大匙，白糖10克

○ 做法 ○

1. 腊肉、腊肠均洗净，切片，大火蒸熟；小油菜洗净，烫熟，备用。

2. 大米洗净，入砂锅，加清水，大火煮至米饭浓稠。

3. 腊肠、腊肉均放米饭上，改小火煮5分钟。

4. 放入小油菜，加生抽和白糖调成的汁，配炒香的萝卜干，即可。

为了避免煳锅，米饭煮得浓稠时一定要记得改用小火，不要用筷子随意搅动哦。

烹调妙招

L'il Critters

小熊心语：

　　孩子对各类小点心、小零食有着"看到就拔不动腿"的喜欢，更有"吃不够"的热爱。孩子到了也能帮着下厨的年纪了，家长何不带着孩子一起动手做做小零食呢？亲手做低糖、低油、无添加剂的健康零食，带给孩子的不仅仅是健康，还能释放孩子的学习压力，锻炼孩子的生活自理能力，可谓一举多得。

鸡蛋饼干

难易程度　★★★★☆
孩子参与度　★★☆☆☆

○ 材料 ○

黄油40克

糖粉30克

蛋黄1颗

低筋面粉40克

盐1/16小匙

玉米淀粉60克

○ 做法 ○

1. 将黄油软化后搅打均匀，再加入糖粉、盐搅打均匀，分次少量地加入蛋黄液，每次搅打至蛋、油充分融合再加入第二次。加入混合过筛的低筋面粉和玉米淀粉。

2. 用橡皮刮刀大致将油、粉拌匀，用手将油、粉抓捏均匀成面团，备用。

3. 将面团放至案板上，揉搓成长条形，用橡皮刮板分割成18等份。

4. 用双手将面团搓成圆球，摆放在烤盘上，中间预留空隙，用西餐叉将球形压扁，压出花纹。

5. 烤箱预热，以上下火、170℃、中层烤15分钟，再移至上层，以160℃烤5分钟即成。

黄油从冰箱冷藏室取出后，应切成小块，会加速其软化。切记不可把黄油直接化成液态。

烹调妙招

孩子巧动手

做饼干放少许盐，除了可以增加咸味，还可以中和甜味，使之不那么甜腻。盐的用量要严格控制，让孩子用牙签挑一点即可。

香酥芝士球

难易程度 ★★★★☆
孩子参与度 ★☆☆☆☆

○材料○

黄油50克

糖粉35克

盐1/8小匙

低筋面粉85克

卡夫芝士粉25克

○做法○

1. 黄油软化后用电动打蛋器低速搅散，加入糖粉、盐手动拌匀，转中速将黄油打至膨胀。

2. 加入芝士粉，再加入过筛低筋面粉，用橡皮刮刀拌匀。拌好的面糊用双手以抓捏的方式捏成面团。

3. 用手将面团捏成长条，再均分成17等份。将每个小面团搓成圆球形，在表面蘸上少许芝士粉装饰。

4. 将芝士球生坯放在垫有硅胶垫的烤盘上，中间预留少许空隙。

5. 烤箱预热，以上下火、165℃、中层烤15分钟，再移至上层烤10分钟。

球形饼干中心部位不容易烤熟，在到达烘烤时间后，可以关闭烤箱，用余温将饼干彻底闷干。

烹调妙招

孩子巧动手

孩子可以参与揉面团，但是这款饼干不含水分及蛋液，面团比较干，在整形成条时要用抓捏的方式，而不要用力搓揉，以免面团松散。

蛋白瓜子酥

材料

蛋白40克

瓜子仁60克

糖粉40克

色拉油40克

低筋面粉40克

盐1/16小匙

做法

1. 色拉油加糖粉、盐搅拌均匀，再加入蛋白（无需打发）搅拌均匀。

2. 加入过筛低筋面粉，用手动打蛋器搅拌均匀，拌成面糊。

3. 在垫有油布或硅胶垫的烤盘上，将面糊摊成薄的圆饼。

4. 将剩余的面糊均匀地分散到每个圆饼上，用小勺分摊均匀，再把瓜子仁均匀地撒在圆饼表面。

5. 烤箱于175℃预热，以175℃、上层、底下垫双烤盘烤10~12分钟，至表面呈微金黄色即可。

薄片饼干一定尽量摊薄，而且每片厚薄要均匀一致，才能保证受热均匀，同时出炉。

烹调妙招

孩子巧动手

烤好的饼干放凉后要立即密封保存，以保持酥脆。多余的饼干要装起来，可以让孩子来帮忙。

小熊饼干棒

材料

黄油55克

红糖50克

鸡蛋25克

低筋面粉125克

可可粉7克

做法

1. 黄油于室温下软化，用电动打蛋器以低速打至膨胀，加入过筛的红糖粉，中速打至膨胀。

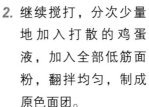

2. 继续搅打，分次少量地加入打散的鸡蛋液，加入全部低筋面粉，翻拌均匀，制成原色面团。

3. 取出1/2面团，加入可可粉，制成可可面团。

4. 分别将两个面团捏成长条形，分成小份，做成小熊的样子。

5. 将小熊饼干坯放于烤箱，以上下火、175℃、中层烘烤12～15分钟，至饼干底呈微黄色即可。

烹调妙招

红糖容易结块，应先过筛再称重，这样比较准确。

孩子巧动手

让孩子来一起做小熊饼干吧，将小份的面团搓成圆球形，放在竹签上按扁作为小熊的头部，再搓一些小的可可面团做成耳朵、鼻子、眼睛和嘴巴，贴在小熊脸部即可。

椰香蜜豆马芬

难易程度 ★★★★★
孩子参与度 ★★★★★

○材料○

低筋面粉100克

椰蓉10克

泡打粉1小匙

黄油50克

糖粉45克

鸡蛋1个

椰浆70克

蜜红豆50克

椰蓉可以购买现成的，但注意要选购用来做糕点的椰蓉而不是椰子粉。椰蓉是由椰丝和椰子粉制成的。

小知识

○做法○

1. 室温下软化黄油，用电动打蛋器低速打散，加入糖粉，手动拌匀后，用电动打蛋器以低速转中速打至膨发。

2. 鸡蛋先打散成蛋液，分次少量加入黄油中，每次均需迅速搅打至完全融合，方可继续加入，直至混合物呈乳膏状。

3. 加入1/2过筛的低筋面粉和泡打粉、1/2椰浆，用橡皮刮刀略翻拌均匀。

4. 再加入剩下的粉类、椰蓉及椰浆拌匀，加入蜜红豆，用橡皮刮刀拌匀。

5. 将面糊用汤匙挖入模具内至七分满，在面糊表面另撒一些蜜红豆装饰。

6. 烤箱于175℃预热，以上下火、175℃、中层烤22~25分钟，即可。

347

超润巧克力蛋糕

○材料○

低筋面粉85克

可可粉15克

泡打粉1/2小匙

黄油65克

细砂糖60克

鸡蛋1个

动物鲜奶油60克

耐高温巧克力豆50克

杏仁片20克

○做法○

1. 黄油切小块，于室温软化后，用电动打蛋器低速打散，加入细砂糖以手动打蛋器继续搅拌至膨胀松发。

2. 鸡蛋液分次少量地加入黄油中，每次均需迅速搅打至蛋、油完全融合，方可继续加入，至混合物呈乳膏状。

3. 将低筋面粉、可可粉和泡打粉混合过筛，将过筛的粉、动物鲜奶油加入乳膏状混合物中拌匀。

4. 在面糊中加入巧克力豆，拌匀。

5. 将面糊装入裱花袋中，挤入模具内至七分满，在表面撒一些杏仁片装饰。放入预热好的烤箱，以上下火175℃，烤25~28分钟即可。

烹调妙招

鲜奶油要从冰箱冷藏室中提前取出回温，如果没有也可以用鲜奶代替，只是奶香味略差，也没那么湿润。

孩子巧动手

可以让孩子用裱花袋挤面糊，注意不要挤得太满，七分满即可。

柠檬小蛋糕

难易程度 ★ ★ ★ ☆ ☆
孩子参与度 ★ ★ ★ ☆ ☆

○材料○

蛋糕粉（或低筋面粉）100克

鲜柠檬皮5克

细砂糖95克

细盐1/16小匙

全蛋3颗（100克）

蛋黄2颗（30克）

黄油50克

柠檬汁7克

动物鲜奶油150克

糖粉15克

面糊要拌至光滑无颗粒，食用时口感才更细腻。

烹调妙招

○做法○

1. 3颗全蛋、2颗蛋黄放入打蛋盆内，加入全部细砂糖，打蛋盆放入45℃的热水锅中，将蛋液打发。

2. 将黄油放入碗内，连碗一起放入热水锅中，隔热水使黄油化成液态备用。

3. 用面粉筛将蛋糕粉筛入打发的全蛋液中，用橡皮刮刀翻拌面糊，要从底部往上翻拌。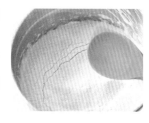

4. 由外向内翻起内部的面粉，不要切拌，每次都要从底部翻起面粉，如此反复约50下。

5. 拌好的面糊应光滑无颗粒，加入碎柠檬皮拌匀。

6. 将化好的黄油和柠檬汁分次缓缓地倒入拌好的面糊中。用橡皮刮刀拌匀面糊，至看不到油液的状态。将面糊倒入蛋糕模具内，至八分满。

7. 模具放入预热好的烤箱中层，以上下火160℃烤20分钟，取出放凉，密封静置。这款蛋糕隔夜后再食用风味最佳。

8. 食用前将动物鲜奶油放入打蛋盆中，加入糖粉，用电动打蛋器打至坚挺的状态。

9. 裱花袋装上大菊花嘴，灌入打发的鲜奶油。

10. 在杯子蛋糕的顶部绕圈挤上鲜奶油即可。

351

蜜汁猪肉脯

难易程度 ★★★☆☆
孩子参与度 ★★★☆☆

材料

略带肥肉的猪腿肉510克
高度白酒3克
盐3克
生抽10克
鱼露（或蚝油）5克
黑胡椒粉1克
白砂糖20克
红曲粉3克（可免）
玉米淀粉7克
蜂蜜水50克（蜂蜜40克加温开水10克混匀）

烹调妙招

猪腿肉要选用略带肥肉的，这样做出的猪肉脯口感才会较软，不发柴。

做法

1. 将猪腿肉尽量剁细成肉糜。

2. 肉糜放碗中，加盐、高度白酒、鱼露、黑胡椒粉、白砂糖、红曲粉、玉米淀粉。用筷子拌一下，顺一个方向搅拌至猪肉糜起胶。

3. 将烤盘倒扣，根据烤盘的大小裁出一张锡纸。锡纸平铺，涂一薄层植物油，将一半肉糜放在锡纸上用手推展开。

4. 在肉糜上铺一张保鲜膜，用擀面杖将肉糜擀成薄厚均匀的片状。将肉糜连同锡纸一起放入烤盘中，撕去上面的保鲜膜。

5. 烤盘放入预热的烤箱，以180℃上下火烤15分钟，取出刷一次蜂蜜水，将肉翻面后再烤15分钟，再刷一次蜂蜜水。

6. 将烤好的肉脯取出，两面刷上蜂蜜水，放置在烤网上。将烤网放入烤箱中层，底下插烤盘，再以140℃上下火将两面各烤5分钟，取出撕去锡纸即可。

法式草莓水果软糖

难易程度 ★★★☆☆
孩子参与度 ★★★☆☆

◦材料◦

草莓190克

苹果胶7克

细砂糖170克

水饴40克

鲜榨柠檬汁15克

色拉油适量

可以根据自己的喜好选择用细砂糖或是椰蓉来粘裹糖块。两者都可以起到防粘的效果，但使用砂糖味道会更甜。

烹调妙招

◦做法◦

1. 草莓择洗干净，切小块，入搅拌机搅成泥状。要多搅一会儿，尽量搅打至均匀无颗粒。

2. 将草莓泥倒入不粘锅内，开小火煮至40℃，端离火口。

3. 加入苹果胶和20克细砂糖，用硅胶铲搅拌均匀，继续用小火煮至草莓酱开始冒起小气泡，加入水饴和140克细砂糖。

4. 继续用小火煮，边煮边搅拌，果酱会越来越浓稠，至温度达到107℃时熄火，迅速加入柠檬汁搅拌均匀。

5. 立即将混好的果酱倒入刷了一层色拉油的模具内，晃平后移入冰箱冷藏4小时以上，取出模具，四周用脱模刀划一刀脱模，再用脱模刀撬起糖块。

6. 在取出的糖块外面再撒一层细砂糖防粘，用小刀切成1.5厘米见方的正方形块，切口处也撒上细砂糖，放入密封盒子里冷藏保存即可。

澳门木糠杯

材料

消化饼干150克

动物鲜奶油350克

炼乳65克

烹调妙招

如果没有搅拌机，也可将饼干掰碎，装入塑料袋中，用擀面棍多擀几次擀碎。动物鲜奶油打至六分发的时候再加入炼乳，这样比较容易打发。

做法

1. 饼干用手掰成小块，放入搅拌机中搅碎。可使用机器的"点动"功能，多搅几次。

2. 鲜奶油放搅拌盆中，用电动打蛋器低速搅一下，转高速搅打至成半固体的状态。加入炼乳，用电动打蛋器低速搅3秒钟左右至炼乳和鲜奶油混匀。

3. 用汤匙挖一些饼干屑，平铺在慕斯杯底。裱花袋装上花嘴，将打发的鲜奶油装入裱花袋中，在慕斯杯内挤一圈鲜奶油。

4. 在鲜奶油上再撒一层饼干屑，再挤一圈鲜奶油。每铺一层饼干屑，都要用汤匙压平整。

5. 就这样一层饼干屑、一层鲜奶油，将慕斯杯装满。移入冰箱冷藏1小时后即可食用。

葡式蛋挞

○材料○

鲜奶油100克

牛奶85克

吉士粉1大匙

糖2大匙

炼乳1大匙

蛋黄2个

千层酥皮1张

干淀粉1大匙

○做法○

1. 吉士粉放入奶锅，冲入少许牛奶搅至化开。加鲜奶油、牛奶、糖、炼乳搅匀，移至火炉上，小火边煮边搅拌，直至起小泡，放凉后，加入蛋黄搅散，用网筛过滤，即成挞水。

2. 将准备好的千层酥皮裁成长方形，卷成筒状，底部粘紧，包上保鲜膜，入冰箱冷冻15分钟。

3. 将酥皮卷取出，切成1.5厘米厚的小段，顶部蘸干淀粉，放入挞模内，依挞模形状按成2毫米厚的挞皮，放入冰箱冷藏松弛20分钟。

4. 将挞水倒入做好的挞模内，七分满即可。

5. 以上下火、220℃、中层烤20分钟，再移至上层烤1~2分钟上色。

烹调妙招

挞皮在烘烤过程中会有些收缩，所以要把挞皮做得略高于挞模，而且放挞水时也不能过满。

孩子巧动手

和孩子一起按压挞皮，按压时底部要薄一些。如果感觉面团太湿软，说明内部的黄油开始软化，要及时放入冰箱冷藏。

水果奶油泡芙

○泡芙材料○

黄油50克

清水100克

盐1/4小匙

低筋面粉60克

鸡蛋2个

○水果奶油材料○

动物鲜奶油100克

细砂糖10克

新鲜水果约110克

○做法○

1. 将黄油放入小锅内，加盐、水，中小火煮至黄油化成液态，水沸腾。

2. 马上离火，立即加入低筋面粉，划圈搅拌，使面粉都被均匀地烫到，变成面团。

3. 重新开小火，加热面团以去除水分，翻动面团，直至锅底起一层薄膜，离火。

4. 将面团倒入大盆内，分次少量加入蛋液，搅拌均匀，至面糊变得光滑、细致。

5. 将面糊装入裱花袋，在烤盘上挤出圆形。烤箱于200℃预热，以上下火、200℃、中层烤25分钟。

6. 泡芙烤好后放凉至不烫手，从泡芙中间位置割开，不割断。

7. 将动物鲜奶油加细砂糖打至硬性发泡，装入裱花袋中，挤入泡芙中，装饰水果即可。

在烘烤的过程中千万不可打开烤箱门，如果面团突然遇冷，会回缩不再膨胀，导致操作失败。

烹调妙招

焦糖布丁

○ 材料 ○

鸡蛋4个，牛奶500毫升，白砂糖130克，清水80克

○ 做法 ○

1. 牛奶加50克白砂糖用小火略煮至糖化开，放凉。

2. 鸡蛋打入盆中，搅打均匀，加入凉的牛奶液，充分搅打均匀，用网筛过滤一次，即成蛋奶浆。

3. 将80克白砂糖和80克清水放入小锅，小火煮成焦糖色，趁热倒入布丁杯中，移入冰箱内冷藏，放凉至焦糖凝固。

4. 将蛋奶浆倒入布丁杯内，烤盘注满水，以上下火、160℃、中下层烤35分钟。

5. 烤好后冷藏4小时脱模。模内的焦糖浆冲开水化开，淋在布丁表面，即可。

煮焦糖时一定要用小火慢煮，至呈褐色时即可熄火，以免余温把焦糖烧煳。

特别专题 ——维生素、DHA，孩子健康成长的源动力

　　维生素和DHA（二十二碳六烯酸）对孩子的身体及大脑发育都至关重要，也是孩子容易缺乏的营养素，所以，家长们要重视维生素及DHA的补充。可以通过饮食或在医生指导下适当摄入营养补充剂来保证孩子营养素的供给。市面上也有很多补充维生素、DHA的产品，要选择正规厂家的产品，例如小熊软糖等。

维生素——促进生长发育，提高免疫力

● 维生素对孩子的重要性

　　可提高孩子的免疫力，减少孩子生病的概率。

　　可促进孩子的食欲，孩子不挑食、不厌食，即可保证营养素的均衡摄入。

　　促进孩子生长发育。

● 孩子缺乏维生素的表现

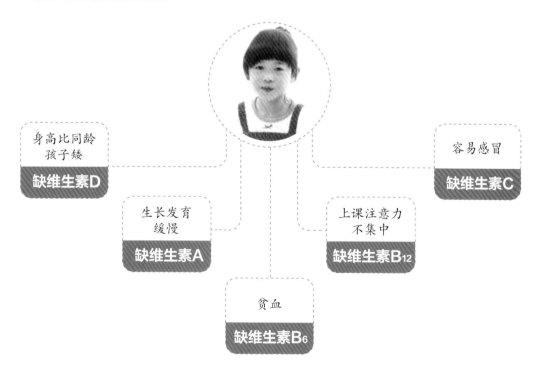

身高比同龄孩子矮　**缺维生素D**

容易感冒　**缺维生素C**

生长发育缓慢　**缺维生素A**

上课注意力不集中　**缺维生素B$_{12}$**

贫血　**缺维生素B$_6$**

● 如何给孩子补充维生素

　　按照营养食谱给孩子搭配日常膳食，每天都要摄入蔬菜、水果、奶、谷物、鱼虾、

蛋类、肉类，保证营养均衡摄入。

选择适宜的烹饪方法，避免过度加工，最大限度保留食物中的营养素。

改正孩子挑食、厌食的不良饮食习惯，避免营养素摄入不足。

DHA——益智护眼

● DHA对孩子的重要性

有利于智力发育，提升学习能力，提高记忆力和认知能力。

提高情绪控制能力、专注力和综合沟通能力，让孩子更乐观、自信。

有利于视觉神经发育，保护视力，预防干眼病、夜盲症等。

● 孩子缺乏DHA的表现

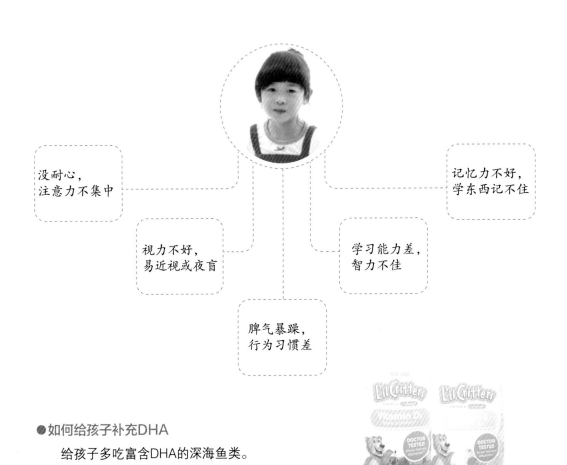

没耐心，
注意力不集中

记忆力不好，
学东西记不住

视力不好，
易近视或夜盲

学习能力差，
智力不佳

脾气暴躁，
行为习惯差

●如何给孩子补充DHA

给孩子多吃富含DHA的深海鱼类。

如果孩子平时深海鱼吃得少或不爱吃，可在医生指导下补充适宜的鱼油产品。